INFLUENCE
DE LA
REPRODUCTION
SUR LA
VÉGÉTATION DE LA VIGNE

PAR

L. RAVAZ
PROFESSEUR À L'ÉCOLE NATIONALE D'AGRICULTURE DE MONTPELLIER

MONTPELLIER
COULET ET FILS, ÉDITEURS
LIBRAIRES DE L'ÉCOLE D'AGRICULTURE
Grand'Rue

INFLUENCE

DE LA SURPRODUCTION

SUR LA VÉGÉTATION DE LA VIGNE

INFLUENCE

DE LA

SURPRODUCTION

SUR LA

VÉGÉTATION DE LA VIGNE

PAR

L. RAVAZ

PROFESSEUR A L'ÉCOLE NATIONALE D'AGRICULTURE DE MONTPELLIER

MONTPELLIER
COULET ET FILS, ÉDITEURS
Libraires de l'Ecole d'Agriculture
Grand'Rue, 5

1906

INFLUENCE
DE LA SURPRODUCTION
SUR LA VÉGÉTATION DE LA VIGNE

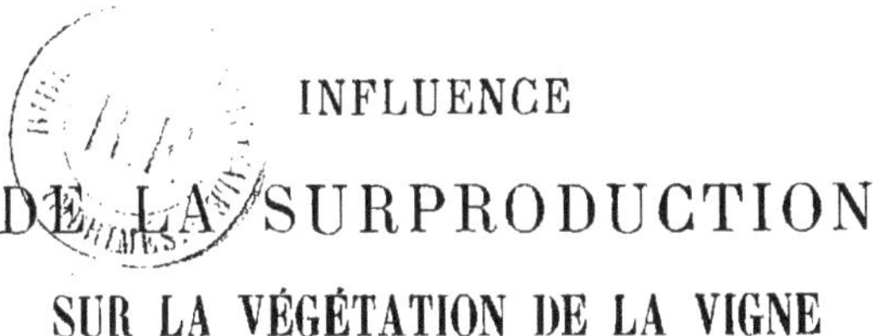

C'est une question que j'ai déjà étudiée à propos de la brunissure de la vigne. J'ai montré que la surproduction amène toujours un affaiblissement, *qui a pour limite la mort de la plante.*

Depuis lors, j'ai pu produire expérimentalement, ou observer dans la culture, un grand nombre de faits qui justifient tous cette manière de voir. Je vais donner ici les principaux. On verra de quelle vive lumière ils éclairent l'origine de quelques prétendues maladies de la vigne, et particulièrement de la *California vine disease.*

I

1. — En 1903, je fis tailler très long les souches 1, 2, 3, 4, 5, etc..., des rangs 13 et 14 d'une vieille vigne d'Aramon greffée, faisant partie du domaine de l'Ecole d'agriculture. A la floraison, j'enlevai toutes les grappes des souches du rang 13, qui, comme je l'ai déjà publié, furent indemnes de brunissure. Sur le rang 14, ce symptôme d'épuisement se manifesta avec l'intensité indiquée en tête du tableau. On prit le poids des bois et le poids des raisins. L'année suivante, ces deux rangs furent soumis à une taille uniforme et le 7 du mois de mai, je fis mesurer les longueurs de leurs grappes et de leurs rameaux. Les résultats sont indiqués dans le tableau I.

2

                                        L. RAVAZ

TABLEAU I

Longueur des rameaux et des grappes

Numéros des sarm. et des grappes	Souche 13-1 — Production en fruits. 0 — Production en bois.. 1^k250 — Rapport $\frac{F}{V} = 0$ — Intensité de la brunissure 0			Souche 13-2 — Production en fruits. 0 — Production en bois.. 0^k850 — Rapport $\frac{F}{V} = 0$ — Intensité de la brunissure 0		
	Long. des rameaux en centim.	Long. totale des grappes en millim.	Long. utile des grappes en millim.	Long. des rameaux en centim.	Long. totale des grappes en millim.	Long. utile des grappes en millim.
1	10	30	20	17	50	15
2	12	40	28	17	50	10
3	18	44	14	20	50	10
4	19	60	40	20	60	20
5	20	60	50	24	70	55
6	21	60	35	25	85	55
7	21	68	28	28	90	65
8	22	70	20	29	90	50
9	22	70	35	34	90	65
10	26	75	45	38	95	85
11	27	85	78	38	120	90
12	29	90	75	39	120	100
13	30	90	60	40	130	85
14	32	95	63	41	130	85
15	32	95	70	45	140	100
16	35	100	80	46	140	95
17	35	108	78	48	160	140
18	37	110	178	48	170	130
19	39	130	90	49	170	120
20	40	140	110	50		
21	42	145	105	51		
22	42	145	100	53		
23	46	150	125	59		
24	46	150	125	63		
25	50	150	120	65		
26	51	160	130	73		
27	52	160	105	73		
28	55	170	140	76		
29	58	170	120			
30	58	180	150			
31	61	180	110			
32	66					
33	66					
34	79					
35	80					
Moyennes:	39,4	108,70	81,51	43,25	105,78	72,36

Souche 13-3

Production en fruits. 0
Production en bois.. 1ᵏ140
Rapport $\dfrac{F}{V} = 0$
Intensité de la brunissure 0

Souche 13-4

Production en fruits. 0
Production en bois.. 0ᵏ360
Rapport $\dfrac{F}{V} = 0.$
Intensité de la brunissure 0

Numéros des sarm. et des grappes	Long. des rameaux en centim.	Long. totale des grappes en millim.	Long. utile des grappes en millim.	Long. des rameaux en centim.	Long. totale des grappes en millim.	Long. utile des grappes en millim.
1	10	25	15	15	30	15
2	13	30	15	22	45	15
3	15	45	25	30	55	15
4	20	90	75	31	60	20
5	22	130	105	32	70	40
6	35	130	110	34	70	20
7	41	140	90	35	70	40
8	45	140	120	35	80	20
9	47	145	120	36	90	40
10	51	150	105	43	110	175
11	54	150	125	44	120	80
12	55	160	115	47	150	110
13	62	185	145	47	170	120
14	66	190	135	53		
15	67	190	165	56		
16	81	200	170	62		
17		220	135	62		
18		225	195	68		
Moyennes:	42,75	141,38	110,27	41,10	86,15	55,38

	Souche 13-5			Souche 14-1		

Souche 13-5

Production en fruits. 0
Production en bois.. 0ᵏ930
Rapport $\frac{F}{V} = 0$
Intensité de la brunissure. 0

Souche 14-1

Production en fruits. 0
Production en bois.. 0
Rapport $\frac{F}{V} = 0$
Intensité de la brunissure. 8

Numéros des sarm. et des grappes	Long. des rameaux en centim.	Long. totale des grappes en millim.	Long. utile des grappes en millim.	Long. des rameaux en centim.	Long. totale des grappes en millim.	Long. utile des grappes en millim.
1	17	65	20	15	40	15
2	18	90	25	15	45	15
3	20	95	55	20	60	30
4	20	100	60	24	95	70
5	23	100	65	30	100	60
6	29	100	70	35	100	50
7	30	110	70	40	100	60
8	33	120	70	40	100	75
9	36	120	80	45	110	75
10	36	120	85	50	120	70
11	37	120	85	46	120	109
12	39	120	90	50	120	70
13	41	130	90	51	130	80
14	42	130	100	52	135	90
15	45	130	100	57		
16	46	150	110	62		
17	46	150	115	62		
18	50	170	140			
19	53	170	150			
20	55	190	150			
21	55					
22	55					
23	50					
24	66					
25	63					
26	80					
Moyennes:	41,42	124	86,50	40,82	98,93	65

Souche 14-2   *Souche 14-3*

	Souche 14-2	*Souche 14-3*
Production en fruits.	0	3^k250
Production en bois..	0	0^k480
Rapport $\frac{F}{V}$ =	0	14
Intensité de la brunissure	8	8

Numéros des sarm. et des grappes	Long. des rameaux en centim.	Long. totale des grappes en millim.	Long. utile des grappes en millim.	Long. des rameaux en centim.	Long. totale des grappes en millim.	Long. utile des grappes en millim.
1	10	40	20	6	60	40
2	10	40	20	12	90	50
3	12	60	35	14	95	75
4	15	60	40	15	120	80
5	16	70	40	17	180	150
6	16	80	45	18		
7	20	80	60	20		
8	26	85	45	25		
9	30	90	55	27		
10	33	90	55	29		
11	36	100	80	48		
12	36	110	90	48		
13	36	110	70	52		
14	36	130	110	55		
15	37	140	120			
16	39					
17	39					
18	41					
19	43					
20	44					
21	45					
22	45					
23	45					
Moyennes :	31,69	85,66	59,0	27,57	109,0	79,0

	Souche 14-4			· *Souche 14-5*		
	Production en fruits. 2^k250			Production en fruits. 2^k800		
	Production en bois.. 0^k240			Production en bois.. 0^k250		
	Rapport $\dfrac{F}{V} = 11$			Rapport $\dfrac{F}{V} = 11$		
	Intensité de la brunissure. 0			Intensité de la brunissure. 0		
Numéros des sarm. et des grappes	Long. des rameaux en centim.	Long. totale des grappes en millim.	Long. utile des grappes en millim.	Long. des rameaux en centim.	Long. totale des grappes en millim.	Long. utile des grappes en millim.
1	18	70	40	12	20	10
2	20	80	50	12	30	10
3	20	85	55	15	30	20
4	25	90	70	17	40	25
5	25	100	70	17	50	40
6	26	100	65	17	60	40
7	33	100	70	20	70	45
8	36	110	90	21	75	60
9	38	110	70	22	75	55
10	39	120	80	27	90	25
11	40	140	95	28	100	80
12	40			28	100	70
13	43			32	100	60
14	47			35	110	90
15	53			36	130	80
16				40		
17				45		
18				50		
19				51		
20				52		
21				67		
Moyennes :	33,66	100,45	68,63	30,66	72	47,33

Le tableau II résume toutes ces données :

TABLEAU II

						Totaux — mètres
Souches....................	13,1	13,2	13,3	13,4	13,5	
Long. totale des ram. en mèt.	13,79	12,11	6,84	7,81	10,77	51,32
Long. totale des grappes....	3,370	2,010	2,545	1,120	2,480	12,525
Long. utile des grappes.....	25,27	1,375	1,985	0,720	1,720	8,337
Souches..................	14,1	14,2	14,3	14,4	14,5	
Long. totale des ram. en mill.	6,94	7,29	3,86	5,05	6,44	29,58
Long. totale des grappes....	1,375	1,285	0,545	1,105	1,080	5,39
Long. utile des grappes.....	0,910	0,885	0,395	0,755	0,710	3,655

Il montre que chez les vignes dont les grappes ont été enlevées, la végétation et la fructification sont deux fois plus grandes que sur les témoins, c'est-à-dire que sur les souches qui ont porté l'année précédente une grosse récolte.

II

Trois jours plus tard, le 10 mai, on mesure la longueur des rameaux et des grappes :

1° De la souche 14-3, prise comme témoin ;

2° Des souches 27-1 ; 28-1 ; 29-1 ; 30-2 ; qui ont produit respectivement 7 kil. 500 ; 6 kil. 100 ; 11 kil. 400 ; 7 kil. 900, c'est-à-dire une forte récolte. J'ai déjà dit dans quelles conditions ces quatre dernières souches avaient été cultivées. Placées en partie à l'ombre d'une planche qui les préservait constamment des rayons solaires, leurs rameaux n'ont été atteints de brunissure que sur les feuilles qui se trouvaient à l'air libre, les autres étant restées vertes. La souche 14-3, au contraire, s'est développée exclusivement à l'air libre et a eu beaucoup de feuilles fortement brunies.

Eh bien, en comparant leur développement à la date précitée, on voit par le tableau III ci-dessous :

Tableau III

Longueur moyenne des rameaux et des grappes

Des souches	Longueur des rameaux en centimètres (moyenne)	Longueur totale des grappes en millimètres (moyenne)	Longueur totale de la partie utile en millimètres (moyenne)
14-3 (brunie)....	28.35	115 »	83 »
27-1	36.63	208.60	70.45
28-1	24.57	58.83	26.66
29-1	33.52	79 »	41.26
30-2	30.21	88.33	53.33

On voit, dis-je, que le brunissement des feuilles n'est pas la cause de l'affaiblissement de la plante, puisque les souches non brunies ne sont pas plus vigoureuses que les souches brunies (14-3); *que seul l'épuisement entre en jeu*. Ainsi, le brunissement des feuilles est un symptôme d'épuisement des tissus qui se manifeste ou non, suivant les conditions de milieu. A l'ombre, il n'apparaît pas; il apparaît au soleil, c'est-à-dire dans les *conditions ordinaires*. Mais qu'il existe ou non, les tissus peuvent être également appauvris. C'est ce que nous montre le tableau suivant.

Tableau IV

Composition chimique des rameaux développés à l'ombre et au soleil

	Sarments à l'ombre	Sarments à l'air libre	Feuilles à l'ombre	Feuilles à l'air libre
Azote..............	0.5600	0.5700	1.540	1.5100
Acide phosphorique.	0.2500	0.2700	0.262	0.3800
Potasse...........	0.5700	0.5700	0.318	0.3800
Chaux	1.8300	1.9400	5.600	5.8100
Magnésie..........	0.3400	0.2800	0.940	0.7900
Fer..............	0.0063	0.0038	0.081	0.1111

Cette année encore, à l'Ecole d'agriculture, il y a eu surproduction sur beaucoup de variétés des collections. Les photographies que je dois à M. Soursac en témoignent (fig. 3 à 6). Non seulement la masse du raisin est manifestement trop considérable, mais encore son influence s'est déjà traduite par le brunissement et la *chute* des feuilles. Il est probable que ces souches pousseront mal l'année prochaine, car leurs tissus sont manifestement appauvris. Les souches voisines qui ont peu de fruits sont intactes (fig. 1 et 2).

L'année dernière (1904), il y a eu surproduction chez un grand nombre de variétés ; et les souches les plus surchargées ont été notées. Nous les retrouvons cette année très peu développées, avec beaucoup de racines pourries ou pourrissantes ; les bois conservés à la taille montrent quelle différence de vigueur il y a entre la végétation de 1904 et celle de 1905 (fig. 7 et suivantes).

III

De nombreux cas de dépérissement semblables et même plus accusés encore ont été signalés cette année dans les vignobles de la région méridionale. Ils ont même paru si inquiétants qu'on a cru soit à des invasions phylloxériques agissant sur les vignes greffées, soit à une maladie nouvelle. Les lettres suivantes en témoignent.

D'Aigues-Vives (Gard), juin 1905 :

«Notre vignoble présente cette année-ci un aspect alarmant et inquiétant ; jamais depuis l'invasion phylloxérique il n'avait été aussi triste qu'actuellement.

»On voit dans la majeure partie des vignes de la localité, et même dans celles des villages environnants, une mortalité des souches ainsi qu'un grand nombre de coursons morts ;

Fig. 1. — Souche peu chargée de fruits et saine.

mais ce qui frappe le plus, c'est de voir des groupes de
souches présentant une végétation des plus médiocres ; on se
croirait en présence d'une recrudescence phylloxérique ; certains même le prétendent ; d'autres disent : ce sont les froids
rigoureux qui ont occasionné des retours de sève. Je suis un
peu de cet avis. Les autres enfin disent : nous sommes en
présence d'une maladie nouvelle et terrible. Les commen-
taires vont leur train, comme vous le voyez par ce court
exposé. Ce qu'il y a de plus singulier, c'est qu'il n'y a
que le Carignan, les hybrides Bouschet, les Morrastels de
ce pays, qui forment la base de la reconstitution, qui soient
attaqués ; l'Aramon, qui n'entre que pour un cinquième dans
la totalité du vignoble, est beau sans affaiblissement. Ce qui
étonne aussi, c'est de voir que ces rabougrissements se sont
produits sur des Vinifera greffés indistinctement sur Jacquez
comme aussi sur Riparia, Riparia-Rupestris 3306 et 3309,
Rupestris du Lot, Aramon-Rupestris N° 1. Inutile d'ajouter
que la récolte prochaine sera ici, de ce chef, au-dessous de
la moyenne. J'ai été hier à Olonzac et j'ai vu que les Carignans étaient, sur ce point, comme les nôtres ; mais les cas
d'affaiblissement sont cependant un peu plus rares. Les Aramons sont devenus comme chez nous. Un de nos voisins,
qui est aussi surpris de l'irrégularité de vigueur qu'il constate chez les Carignans et les hybrides Bouschet, me disait
hier ; «J'avais une plantation d'Alicante-Bouschet très belle
jusqu'à ce jour ; cette année-ci, elle est pitoyable».

»Veuillez agréer, etc.

»Aug. BERNET».

De Cornillon (Gard), juin 1905 :

«Je viens vous prier de vouloir bien me dire votre opinion
sur les fragments de souches et de racines que je vous envoie.

»Il y a quantité de souches ainsi attaquées dans ma région ;

les unes sont des Clairettes, les autres des Alicantes-Bouschet et, chez moi, ce sont les Aramons. Au début, on croyait
à l'anthracnose, maintenant on parle de pourridié, pourtant
mes souches malades sont dans un terrain exempt de toute
humidité. Certains croient que c'est le froid des 2 et 3 janvier.
Serait-ce encore le court-noué?

» Dans l'espoir, etc.

» D. FABRE».

J'ai examiné ces vignes : elles étaient mortes ou mourantes.
Ces dernières ne portaient que quelques pousses très faibles ;
les coursons, très gros, indiquaient une belle végétation en
1904 ; ils étaient encore vivants, de même d'ailleurs que le
tronc. Par contre, les racines étaient en partie pourries. Mais
pas trace de l'action du phylloxera ; pas trace non plus de
pourridié, ni d'aucun autre parasite. Quant aux froids de
l'hiver, ils ont été trop peu intenses pour produire de tels effets.
Au reste, notamment dans les régions méridionales, seules
les parties aériennes sont endommagées par les gelées ; les
parties souterraines, restées saines, émettent de vigoureux
rejets ; or, ici c'est l'inverse : la partie aérienne seule émet
quelques rameaux, tandis que les racines pourrissent. Par
contre, les tissus encore vivants des coursons, des bras ou
des racines des souches qui n'ont pas poussé au printemps
sont *vides*: ils présentent tous les symptômes de l'épuisement.
Et l'on sait combien la fructification a été grande l'année
dernière chez les Alicantes-Bouschet, Carignans, etc.

Dans l'Hérault, les cas de rabougrissement, à la suite de
surproduction, sont extrêmement nombreux. A Marseillan,
il y en a eu beaucoup. C'est que le Terret-Bourret, qui y est
le cépage dominant, est extrêmement fertile et relativement
peu vigoureux.

Dans la fertile vallée de l'Hérault, on en rencontre dans
la plupart des vignobles les mieux tenus. J'ai vu un cas rela-

Fig. 2.

tivement grave dans le beau domaine de M. Rey de Lacroix.
Il s'agit ici de greffes d'Aramon sur Riparia fort belles jusqu'en 1904 ; on peut s'en convaincre à la grosseur des coursons, et qui, au printemps de cette année, n'ont émis que des
pousses très courtes. Le sol, profond et riche, forme un
peu cuvette où la vigne est le plus affaiblie. Les souches,
ayant toutes poussé au printemps, ont les organes aériens
vivants, mais beaucoup de racines sont pourries. Les tissus
vivants des plantes les plus affaiblies sont vides et présentent
tous les caractères de l'épuisement. D'après M. Rey de
Lacroix, la production de cette vigne fut très considérable en
1905. Pas de parasites sur les racines, pas même le doux
coepophagus.

Près de Montagnac encore, dans un terrain profond, riche,
frais, formant cuvette en quelques points, M. Dessalles avait
fait, il y a quatre ans, une plantation de Carignan. Végétation
plantureuse en 1904 et beaucoup de fruits, qui mûrirent
plutôt mal, les feuilles s'étant desséchées en brunissant vers
l'époque de la vendange. Au printemps 1905, beaucoup de
souches, surtout dans les partiesbasses, ne se sont pas développées et n'ont donné que des pousses très grêles. On trouve
encore ici les mêmes caractères que dans les cas précédents :
coursons, bras, tronc, généralement vivants, mais *vidés, épuisés;*
racines plus ou moins pourries, leurs tissus vivants sont
également vides.

Près de Tarascon, j'ai étudié récemment un vignoble de
4 ans, très étendu, constitué par des Aramons, Petits-Bous-
chet et Carignans francs de pied, soumis à la submersion.
Le sol, qui est une terre d'alluvion profonde, riche, fraîche :
une terre pour vigne à grand rendement, est bien nivelé
et d'un égouttement rapide. L'année dernière, d'après M.
Barthez qui m'accompagnait, ce vignoble était très beau et
j'ai pu m'en assurer; il donna aussi un rendement de plus
de 100 hectolitres à l'hectare. Cette année, beaucoup de sou-

ches mortes, d'autres très affaiblies ; quelques-unes seulement ont une végétation relativement satisfaisante, ce sont,
en général, celles qui bordent les bourrelets de séparation

Fig. 3.

des planches. Les mortes ou affaiblies ont leurs racines tota-
lement pourries. Les tissus encore vivants sont *vides, épuisés.*
La cause du dépérissement est donc toujours la même : la
surproduction. Ici on trouve, mais exclusivement dans les
tissus pourris, l'inoffensif coepophagus et des mycéliums
divers.

Voici d'autres cas que j'ai vu se produire sous mes yeux, car je les ai suivis depuis l'été dernier. Un de mes voisins possède en bon sol une vigne de Carignan de 6 à 7 ans ; il la cultive très bien : l'herbe ne s'y montre jamais. Mais il la fume peu. En 1904, cette vigne était fort belle ; grande végétation et fructification merveilleuse. Les raisins formaient sur chaque souche une corbeille compacte, tassée comme il arrive au Carignan d'en porter. Mais voici qu'après la véraison, les feuilles prirent une teinte rouge-brun par endroits et se desséchèrent peu à peu. Les raisins mûrirent à peine. Après la vendange, j'examinai les sarments et je les vis dépourvus de matières amylacées, et dis à mon voisin : «Je crains bien que quelques-unes de vos plus belles souches poussent mal l'année prochaine». Elles pousseront encore mieux que les vôtres, me répondit-il. Et ces belles souches n'ont pas du tout poussé ou sont demeurées très faibles ; ici l'épuisement produit par les grappes n'est point douteux.

Un autre de mes voisins, qui fume ses vignes encore mieux qu'il ne les cultive, possède une pièce d'Alicante-Bouschet de 5 ou 6 ans, dans laquelle il s'est produit quelques vides au greffage sur place. Ces manquants ont été remplacés par des Aramons, qui sont donc plus jeunes de deux ans. Grosse production, en 1904, chez l'Alicante-Bouschet ; naturellement les repiquages d'Aramon ont peu produit. Cette année, les Alicantes-Bouschet sont très faibles et les Aramons très beaux.

Je pourrais multiplier les exemples ; mais à quoi bon ; dans tous les vignobles du Midi, chacun peut voir des vignes qui, très belles l'année dernière, n'ont donné qu'une végétation plutôt faible ; des pousses grêles, courtes, ne parvenant pas à «couvrir la terre». C'est encore une conséquence de la surproduction et non l'effet d'une maladie nouvelle ou du phylloxera.

IV. — En Tunisie

Quelques cas de dépérissement ayant été signalés dans les vignobles tunisiens, la Direction de l'Agriculture et le Syn-

Fig. 1.

dicat de défense contre le phylloxera me demandèrent d'aller les étudier sur place.

J'ai exposé les résultats de ma mission dans un rapport qui est publié ici presque en entier.

3

*
* *

... Dans une communication verbale, je vous ai déjà dit que les cas de dépérissement qui m'ont été montrés n'étaient pas dus à une maladie quelconque *connue* ou *inconnue*, et qu'ils étaient *simplement la conséquence d'une surproduction hâtive de vignes jeunes.*

L'exposé de mes obervations dans le vignoble tunisien ; — des renseignements qui m'ont été fournis *spontanément* par les propriétaires des vignes atteintes (mes compagnons de route vous diront que je n'ai pas à me montrer juge d'instruction impitoyable pour connaître l'auteur du délit) ; — de l'étude micrographique comparée que j'ai faite des souches malades ; — enfin des faits de même nature qui se présentent fréquemment en France — *et qu'on produit à volonté* — justifiera, j'ose du moins l'espérer, amplement cette manière de voir.

26 mai 1905. — Domaine de Z. à M. T.

Dès mon arrivée je visite la propriété de M. T.

Vigne 1. — En sol profond de 0 m. 50 à 0 m. 80 reposant sur un tuf calcaire, plutôt sec et sain ; incliné faiblement vers la route de Tunis et plus fortement dans la direction perpendiculaire à la précédente ; quelques légères ondulations.

Cépage Mourvèdre, entremêlé de quelques autres variétés, notamment d'un cépage blanc non cultivé en France ; 6ᵉ feuille. Environ 80 souches pour 100 sont affaillies, la plupart avec des rameaux de 0 m. 10 à m. 60, quelques-unes seulement sont mortes ou mourantes ; enfin, entre ces dernières et les souches saines, on trouve tous les états intermédiaires.

Les racines sont d'autant plus altérées que la souche est

Fig. 3.

plus affaiblie. Chez les souches peu déprimées, on trouve quelques petites racines pourries ou pourrissantes; chez celles qui sont très atteintes, les grosses racines sont partiellement (et en des points quelconques) ou complètement pourries. Le microscope montre que les tissus *encore vivants* sont *vides : pas de matières amylacées, noyaux très réduits ou disparus*. Mêmes caractères dans les *tissus vivants* de la tige. Sur les parties pourries, on trouve un acarien, des anguillules et des mycéliums divers.

Vers le 18 juillet, sirocco prolongé, mais peu intense : il n'y eut pas de grillage immédiat ni des feuilles ni des fruits. C'est quelques jours plus tard, au début du mois d'août, que les feuilles commencèrent à se dessécher en prenant une teinte rougeâtre ou rouge-brun. Les fruits *très nombreux* ne mûrirent pas ; les grains, restés petits, ne donnèrent que peu de moût, peu sucré du reste ; vin de 8 degrés au lieu de 12 degrés qui est la règle chez M. T.

Environ 20 o/o de souches à végétation sensiblement *normale disséminées* dans toute la vigne, *intercalées à des souches mortes ou mourantes*; leurs racines, quoique enchevêtrées avec les racines pourries des souches malades, sont saines : elles ne portent ni acarien, ni anguillule, ni mycélium ; les plus puissantes ont peu de fruits : ce sont des *coulards*. Les autres sont plus jeunes de 2-3 ans : ce sont des plants de *repiquage* ou encore *des provins de 1901*.

Dans cette vigne, une rangée de Mourvèdre a été *greffée* en Muscat d'Alexandrie en 1904. Sa végétation est normale : *elle ne présente pas trace de dépérissement. Il est clair que ces greffes sur place n'ont pas donné de fruits en 1904*.

Plus loin, une vigne à raisins blancs ne laisse rien à désirer.

Vigne 2. — A côté de la précédente, et dans un sol de même nature.

Fig. 6.

Cépage Carignan de même âge ou peut-être d'un an plus jeune. Environ 15 o/o de souches très affaiblies. Fructification très belle en 1904, les souches les plus jeunes, plants de *repiquage et provins*, sont vigoureuses en général. Plus haut, sur le flanc du coteau, le Mourvèdre succède au Carignan. On y trouve sensiblement le même nombre de souches affaiblies.

Vigne 3. — Séparée de vigne 1 par un chemin de 5 mètres. Même sol et même inclinaison.

Cépages Carignan et Mourvèdre de **12 ans.** Quelques pieds seulement sont affaiblis et, semble-t-il, depuis longtemps. Ici, la maturation *se fit bien, les feuilles ne grillèrent pas et le vin pesa 12 degrés.*

27 mai. — Vignoble des f. f. à St-C.

Vigne 1. — Près de la maison d'habitation du gérant. Légèrement inclinée sur la route et un peu ondulée. Sol très profond (1 m. 50), reposant sur un calcaire friable, de bonne qualité, se ressuyant bien, sain.

Cépage Alicante ; 6ᵉ feuille. Environ 40 o/o de souches malades ou très affaiblies, quelques-unes mortes. Leur développement était très beau en 1904, à en juger par la grosseur des bois de taille. Beaucoup de fruits qui mûrirent mal. Racines des souches mortes pourries ; celles des souches affaiblies sont en grande partie vivantes ; seules les plus petites sont pour la plupart déjà très altérées. Les tissus vivants ne sont envahis par aucun parasite ou saprophyte, mais ils sont vides.

Les tissus pourris portent les organismes cités plus haut.

Vers le 18 juillet, sirocco ; les feuilles commencèrent à sécher en prenant une teinte rougeâtre quelque temps après.

Dans la partie la plus déprimée, il y a environ 10 o/o de souches *normales* disséminées, placées souvent à côté des souches mourantes ; ce sont des plants de *repiquage* ou des *provins* de 1904.

Vigne 2. — Petit-Bouschet. Mêmes cas de dépérissement, nombreux surtout dans la partie déclive du terrain.

Vigne 3 ou *vigne de l'Ecurie.* — Sol rougeâtre, profond, de bonne qualité, légèrement déprimé au centre, et c'est dans cette faible dépression que le dépérissement de la vigne est le plus accentué.

Cépages Alicante, Carignan, Cinsaut à leur 7ᵉ feuille.

Les Carignans sont relativement beaux. Cinsauts et Alicantes, morts ou mourants ou affaiblis dans la proportion de 90 o/o, présentent les mêmes caractères que dans la vigne 1. Très bonne fructification en 1903. Vin de 10 degrés, quand d'ordinaire il atteint au moins 12 degrés.

Environ 10 o/o de souches disséminées *belles* ou *très belles*, *intercalées* à d'autres souches mortes ou mourantes. Les unes sont des pieds *coulards*, dont le gérant a constaté l'existence en 1904. En 1905, leurs grappes avaient déjà, au moment de ma visite, perdu beaucoup de grains. Les autres sont *des repiquages*.

Les N. à M. P.

Vigne 1. — Devant la maison. Sol de bonne qualité, profond, incliné vers la route ; l'inclinaison diminue près de la route, et c'est là que les cas d'affaiblissement sont peut-être les plus nombreux, mais il y en a partout. M. P. nous montre d'abord des Beldi de 6 ans qui en 1904 étaient remarquablement beaux ; on pouvait d'ailleurs en juger à la grosseur des bois de taille. Mais ils ont produit beaucoup ; environ 10 kil. par pied. Cette année, beaucoup sont morts ou mourants, quelques ceps disséminés dans la vigne sont très beaux.

A côté, Muscats d'Alexandrie très beaux en 1904 avec de longs sarments et une grosse production.

Les racines sont, les unes pourries, les autres vivantes. Chez les premières, les saprophytes et détriticoles habituels; les dernières ont leurs tissus vides avec des noyaux réduits.

Vigne 2. — A côté de la précédente. Même sol, de même inclinaison. Cépage Carignan de 12 ans intercalé de quelques Grenaches. Ces derniers seuls sont nettement affaiblis. Leur production, d'après M. P., a dépassé 10 kilos par souche. Au moment de ma visite, leur végétation était en bonne voie d'amélioration. Cette vigne a produit 84 hectolitres de vin à l'hectare.

Vigne 3. — Au sommet du coteau. Cépage Grenache. Beaucoup de souches sont affaiblies par la même cause. Celles qui ont une végétation presque normale sont remarquablement chargées de fruits : il n'y a pour moi aucun doute que ces souches se développeront mal l'année prochaine.

Vigne 4. — Toujours au sommet du coteau, derrière la maison. Cépages divers de 6 ans. A produit en 1904, 130 hectolitres de vin à l'hectare et de 7 à 10 kilos de raisins par souche. La plupart sont très affaiblis.

Il y a 3 ou 4 ans, M. P. constata un affaiblissement analogue sur une parcelle de Carignan. Il la soumit à l'irrigation, et actuellement elle a une végétation normale.

29 mai. — P. à M. C.

Très beau vignoble établi en sol profond, riche, pouvant donner, avec l'irrigation, de très forts rendements. A 1 m. 50 il renferme du sel en quantité notable, d'après les analyses de M. Bertainchand ; il y en a fort peu dans les couches supérieures où se trouvent la plupart des racines. En pente légère; quelques dépressions naturelles, sur lesquelles je reviendrai plus loin, ou consécutives à l'établissement des canaux d'irrigation.

Cépages nombreux : Carignan, Alicante, Mourvèdre, Petit-Bouschet, Beldi, Clairette, Chasselas, Muscat, etc., chacun occupant une ou plusieurs parcelles; 4ᵉ feuille pour la plupart. Vignes plantées en bouture sur défoncement en 1902. En 1903, végétation superbe; on peut ennore en juger lors de ma visite. Certains sarments avaient à leur base de 15 à 18 millimètres de diamètre. La production à la 2ᵉ feuille s'éleva à 30 quintaux de raisins par hectare. En 1904, 3ᵉ feuille belle végétation encore, et *très grosse production : 150 quintaux de raisins à l'hectare,* soit environ 110 hectos de vin. Pour des Carignan et des Grenaches, c'est joli. Les raisins étaient si nombreux qu'ils constituaient sur chaque souche un énorme bouquet. une corbeille compacte; et cette surfructification parut si remarquable à M. C. qu'il convoqua quelques amis pour la constater et l'admirer.

Vers le 18 juillet, le sirocco a soufflé pendant 2, 3 jours, mais avec peu d'intensité : il n'y eut pas de grillage appréciable. Quelques jours plus tard, en août, les feuilles commencèrent à se dessécher, en prenant une teinte rougeâtre ou rouge-brun; puis elles tombèrent en partie, et, d'après M. Kien qui a fort bien étudié l'allure du dessèchement du feuillage, en se détachant du pétiole, lequel restait plus ou moins longtemps encore fixé sur les sarments.

A partir de ce moment, les raisins ne mûrirent plus; en un mois ils ne gagnèrent pas l'équivalent d'un degré d'alcool. Le vin obtenu fut sans couleur et peu alcoolique.

Dans les parcelles 16, 17, 18, etc., on remarque, conformément au plan de M. C. donnant l'état des lieux, beaucoup de souches mortes, dépérissantes, ou plus ou moins affaiblies. Les dégâts sont surtout importants de chaque côté des rigoles d'irrigation, un peu plus cependant du côté où la terre a

été enlevée. Le rang en bordure des chemins qui longe chaque rigole est plus beau que les voisins ; *il a aussi plus d'espace pour développer des racines*. Dans toutes ces parcelles, les
plants de repiquage de 1 et 2 ans sont remarquablement
beaux, surtout quand ils ont pour voisins des ceps morts
ou mourants. Tout le monde l'a constaté, et M. C. a pris des
photographies qui l'établissent nettement.

C'est dans la parcelle 18 que les dégâts sont les plus importants. En un point, toutes les souches sont mortes ou
mourantes ; mais, au milieu de ces cadavres, on trouve tou-
jour quelques beaux ceps vigoureux et sains. Ce sont des *repiquages* de 2 ans.

Dans cette parcelle 18, le dépérissement affecte une allure
singulière. On y voit, en effet, 4 rangs contigus fortement
endommagés, et le 5° presque sain ; puis, de nouveau, 4 rangs
très atteints et le 5° en bon état ; et ainsi de suite dans presque toute la parcelle.

Si l'on veut qu'un parasite, végétal ou animal, soit ici la
cause du dépérissement de la vigne, il faut aussi admettre
qu'il possède particulièrement marqué le sens de la ligne, et
un esprit de discipline tel qu'il peut envahir les vignobles
comme une troupe disposées sur 4 rangs, alignée par rang et
par file, et au bout de la parcelle, pour revenir en arrière,
faire une conversion savante et si précise que le 5° rang est
toujours respecté.

Il est bien plus simple d'admettre que le 5° tailleur de
vigne ou, connaissait mieux son affaire que les autres et n'a
pas trop chargé des ceps si jeunes, ou bien — et c'est, paraît-
il, ce qui arrive quelquefois en Tunisie, — a voulu jouer un
mauvais tour à son propriétaire en taillant court et en prenant
ses coursons sur les gourmands.

La parcelle 19 est plantée en Carignan. La reprise fut mauvaise. On a remplacé les manquants en 1904 ; les dégâts y

sont presque nuls et d'autant moindres que la reprise a été moins bonne.

Les parcelles 20 et 21 sont les plus basses du domaine ; elles craignent l'humidité et peut-être le sel. La reprise de bouture y est mauvaise chaque année. Que le sel puisse y être pour quelque chose, je ne le conteste pas, mais l'excès d'eau seul peut amener les mêmes résultats. En tout cas, dans ces parcelles, les souches de 4 ans y sont en très petit nombre et elles ont pour développer leurs racines un espace considérable. *Toutes sont fort belles.*

En un point, les vides ont été comblés avec de l'Alicante-Bouschet. Bonne reprise ; en 1904, c'est-à-dire à la 2ᵉ feuille, ces vignes *portaient beaucoup de raisins ; elles sont aussi très affaiblies.*

Dans la parcelle 12, le Beldi est très endommagé. Ici, quelques souches ont développé cette année des pousses faibles qui se dessèchent. Les racines sont en voie de destruction. La décomposition des tissus radicaux, qui était arrêtée presque partout, se continue sans doute à cause de l'humidité du sol qui s'oppose au fonctionnement des racines. On rencontre ici les mêmes symptômes que dans les autres parcelles.

Les Chasselas de la parcelle 7 sont atteints, mais relativement peu. Le sol est sablonneux, et les souches malades présentent les symptômes de ce qu'on a appelé la maladie de Villemolaque et qui est *d'ailleurs accidentelle.* La cause du dépérissement est la même, car ces Chasselas ont eu des fruits en 1904 ; leurs tissus sont vides, et, si les symptômes extérieurs diffèrent un peu des précédents, c'est que la nature du sol est aussi différente.

Domaine de B. à M. C.

Vigne en terre profonde, riche, analogue aux terres de P. ; sur un petit plateau. Cépages Carignan, Cinsaut, Mourvèdre,

etc., 4ᵉ feuille. Vignoble bien tenu. En 1904, la production a
été très belle sur Cinsaut ; plus faible sur Mourvèdre et Carignan. Seuls, les *Cinsauts sont atteints*. M. C. pratique d'ailleurs une taille généreuse ; il fera bien de s'en méfier.

30 mai. — Domaine de B. K. à M. S.

Vigne de Carignan de 9 ans, située dans une vallée. M. Bertainchand me dit que l'année dernière elle donna une bonne
récolte et fut endommagée par le sirocco. Les souches affaiblies ont des pousses jaunâtres, dont les feuilles sèchent peu
à peu. Racines vivantes, vides, mais à noyaux plus développés que ceux des vignes visitées précédemment. Ces vignes
ont émis de nouvelles pousses à l'automne dernier.

L'affaiblissement me paraît dû ici à la superposition de
deux causes : la production d'une part et la sécheresse d'autre
part ; le sous-sol m'a paru peu pénétrable aux racines. En
tout cas, l'affaiblissement est peu marqué. Une taille moins
généreuse, une forte fumure, 10 kilos de fumier par pied,
et une bonne culture en auront parfaitement raison.

Domaine de B. à M. L.

Vigne en coteau très sain et même sec. Cépage Mourvèdre
de 5 ans. Les souches affaiblies disséminées dans une ou
deux parcelles. Les plans de repiquage plus jeunes sont très
beaux. Production *normale* en 1904, d'après M. L. Je montre
à M. L. des souches d'Alicante qui ont beaucoup de fruits ;
elles ne portent, paraît-il, qu'une récolte *normale* (?). Je trouve,
moi, que cette production est exagérée, et M. L. le verra sans
doute, au printemps prochain.

En tout cas, les dégâts sont peu importants, une bonne
fumure, une taille réduite, amèneront une amélioration notable et durable.

31 mai. — Domaine de M. à M. S.

Vigne 1 de la ferme N° 4. — Tout le vignoble est en
coteaux à pentes rapides. Sol profond, riche, argileux, calcaire
en quelques points. J'ai le regret de pas rencontrer M. S. ;
son régisseur est également absent. Les renseignements m'ont
donc fait défaut. Il n'y a pas eu de sirocco ; le vin a été très
médiocre. Production faible par suite de la dessiccation des
grappes.

Vu d'abord quelques rangs d'Alicante-Bouschet, 3ᵉ feuille,
qui ont fructifié à la 2ᵉ feuille ; ils sont rabougris, même
chlorosés. Les tissus de la tige et les racines présentent les
caractères habituels.

A côté, Cinsauts de 5 ans ; étaient l'année dernière chargés
de fruits, qui n'ont pu arriver à maturité, d'après M. C., un des
métayers. La grêle les a aussi atteints.

Ces Cinsauts sont rabougris et chlorosés ; quelques souches
mourantes. C'est la première fois qu'ils se chlorosent. *Les
vignes en sol calcaire qui ont surproduit se chlorosent fortement l'année suivante.*

Au-dessous, Mourvèdres plus ou moins affaiblis et présentant tous les caractères qui ont été rencontrés ailleurs. Dans
un petit vallon, beaucoup de souches mortes. D'autres, qui
ont poussé au printemps, perdent leurs feuilles, sèchent et
meurent. Les racines sont en voie de décomposition ; leurs
tissus non encore entièrement morts sont vides ; mais ils ne
portent ni acarien, ni mycélium de champignons. Le terrain
est ici extrêmement humide ; les racines sont dans l'eau ; il
n'y a pas lieu d'être surpris que, déjà épuisées par la production, elles ne puissent résister aux conditions défectueuses du
milieu du sol.

Vigne 2. — Sur un coteau voisin, en terre très riche, des

Alicantes de 6 ans. Beaucoup de souches rabougries, comme dans les autres vignes. Ici encore, les plants de *repiquage* sont très beaux.

Séparée de cette vigne assez maltraitée, par un chemin de 4 mètres, est la vigne du métayer. Elle est remarquablement belle, sans aucune souche dépérissante. Cela tient sans doute à une meilleure culture ou à une taille plus réduite ou mieux raisonnée.

Résumé. — 1° Les cas d'affaiblissement que j'ai eu à examiner se sont produits dans toutes sortes de terrains, en plaine ou en coteau, inclinés ou non, superficiels ou profonds, légers ou compacts. Ils sont cependant plus accusés dans les dépressions. *C'est là d'ailleurs que la vigne pousse le moins bien*, sauf quand ces dépressions correspondent à un sol de meilleure qualité.

2° On n'est pas d'accord sur l'époque à laquelle le sirocco a soufflé ; toutefois, quand il a existé, il n'a pas eu d'effet immédiat sur le raisin ou sur la végétation. C'est quelque temps plus tard qu'on a constaté la dessiccation et la chute des feuilles. A M. il n'a pas soufflé, et cependant les feuilles se sont desséchées et les raisins se sont flétris et n'ont pu mûrir.

La coloration rouge-brun des feuilles, leur dessiccation et leur chute, si elles ne peuvent qu'être favorisées par le sirocco, se produisent cependant en dehors de son intervention. En France, il en est fréquemment ainsi, notamment dans les régions viticoles plus septentrionales.

3° Toutes les vignes très affaiblies sont relativement jeunes et toutes ont porté, l'année dernière, *un grand nombre de raisins. Or, la surproduction seule* amène le desséchement, la coloration rouge-brun (chez les cépages rouges) et *la chute des feuilles, le flétrissement et la non maturation des grappes, l'épuisement de la plante et par suite son affaiblissement ou sa mort.*

J'ai démontré tout cela dans la *Brunissure de la vigne* (1),
qui est l'étude analytique des effets de la surproduction.

4° Ce qui prouve qu'il en est ainsi, c'est que :

1° Les ceps coulards ;

2° Les vignes jeunes, *provins* ou *repiquages*, qui n'ont pas
encore produit ;

3° Les greffes sur place de 1904, qui n'ont évidemment pas
porté de fruits ;

4° Les souches qui ont beaucoup d'espace pour se développer et qui peuvent ainsi prendre au sol les matières minérales
que les grappes en excès leur enlèvent, restent saines et vigoureuses, quoique leurs racines soient entremêlées de racines pourrissantes.

5° Les vieilles vignes (vignes de 12 ans) faiblissent moins,
sous l'influence d'une forte production, que les vignes de 3,
4, 5 ans : c'est qu'elles sont aussi plus puissantes et que leur
partie souterraine constitue pour les grappes un vaste maga-
sin de matières de réserve, dont l'épuisement est évidemment
moins rapide que chez les vignes jeunes ;

6° La mauvaise qualité des vins est une conséquence de la
surproduction.

7° Des faits identiques se produisent chaque année dans les
vignobles français ; ils sont nombreux et importants les années consécutives aux années de grande production. En 1901,
beaucoup de vignes de la commune de Marseillau ont succombé également après avoir surproduit en 1900; de même
en Bourgogne, etc. Tous ces faits sont exposés dans la *Brunissure de la vigne*. En 1905, ils sont également nombreux, et
ils se manifestent toujours dans les vignes qui ont surproduit. Je reviendrai plus loin sur ce point.

Ces cas de dépérissement, il est facile de les reproduire au

---

(1) Chez Coulet et Fils, à Montpellier.

degré qu'on veut. En 1902, je les ai produits sur près de 600 variétés, et chaque année je répète en petit la même expérience avec le même succès pour l'instruction de mes élèves. Il suffit de laisser à la taille un nombre d'yeux à fruits d'autant plus grand qu'on désire obtenir un affaiblissement plus marqué. Et l'on observe sur les racines et dans leurs tissus les mêmes caractères qu'en Tunisie.

Conclusion

Ainsi, les cas de dépérissement signalés dans quelques parcelles de vignes de la Tunisie ne sont pas dus à une maladie ; on doit les considérer comme des accidents dont la cause est parfaitement connue. Cette cause, c'est la surproduction, *ou la disproportion qui existe entre la puissance de la souche et le nombre de raisins qu'elle porte.*

Traitement des vignes affaiblies. — 1° Le traitement à appliquer résulte, ce me semble, de l'exposé qui précède.

2° Les souches mortes peuvent être remplacées *immédiatement*, soit par le repiquage, soit par le provignage.

3° Les souches très affaiblies pourront continuer à dépérir, surtout si elles portent des fruits. Il me paraît préférable de les détruire et de les remplacer aussitôt, comme les précédentes.

4° Les autres se relèveront spontanément. On en favorisera le rétablissement :

a) Par la suppression des grappes qu'elles portent cette année ;

b) Par une taille très réduite ;

c) Par une bonne fumure (environ 10 kilos de fumier par pied).

*
*

1° Cette année encore, la fructification est trop abondante. De pareils accidents pourront être constatés au printemps prochain. Il est facile de connaître dès maintenant les souches qui seront atteintes. Après la vendange, il est encore possible de déterminer celles qui pousseront mal au printemps suivant. Ce sont celles dont le feuillage se colore en rouge-brun ou se dessèche à l'automne ; et, après la chute des feuilles, ce sont celles dont les tissus ne se colorent pas en *violet* sous l'action de l'iode à 1 o/o.

2° En Tunisie, les conditions climatériques sont extrêmement favorables à la fructification. Ainsi le Grenache coule constamment en France ; il «charge» trop en Tunisie. La taille doit être moins généreuse qu'en France ;

3° La bonne culture, la fumure, l'irrigation faite *avant* la véraison et surtout après la floraison, et toutes les opérations culturales qui donnent plus de puissance à la souche s'opposeront au retour de ces accidents ;

4° Les viticulteurs s'orientent vers la production des vins de coupage, c'est-à-dire des vins de qualité, et ils ont sans doute raison. Ils ne devront pas oublier qu'il existe, entre la quantité et la qualité, une certaine relation qui ne doit pas être méconnue. En s'en inspirant, ils obtiendront le produit qu'ils désirent et ils maintiendront leurs vignes florissantes.

5° Je n'ai rencontré aucune maladie parasitaire dans le vignoble tunisien, qui est certainement le plus sain de tous ceux que j'ai visités jusqu'ici.

V. — En Algérie

Je viens de montrer que tous les cas de dépérissement de la vigne que j'ai étudiés en Tunisie avaient pour cause *la fructification exagérée de 1904*. La fructification, comme

4

je l'ai montré dans la *Brunissure de la vigne*, ne peut être exprimée en valeur absolue. Telle souche peut être plus *chargée* de fruits que telle autre qui en porte, par exemple, deux fois plus. C'est élémentaire, et cependant beaucoup de personnes ne paraissent pas s'en douter. Elle doit être rapportée à la puissance V', c'est-à-dire à la vigueur, d'une part, et au volume du corps de la souche, d'autre part. On ne peut guère, *dans la pratique*, apprécier exactement l'importance du corps de la souche; mais, quand on ne tient pas à serrer la question de près, il suffit, surtout quand les vignes sont toutes de même âge, de tenir compte de la puissance de la végétation annuelle V.

En conséquence, la fructification doit être exprimée par le rapport $\frac{F}{V} = F$ représentant le poids des raisins et V le poids des sarments de chaque souche.

Le rendement en moût ou en vin n'exprime pas non plus la valeur exacte de la fructification. En deçà de certaines limites, le rendement en vin *croît* avec le poids de l'ensemble des grappes, suivant une loi qui n'est pas encore établie; mais, à coup sûr, il ne lui est pas proportionnel : le déchet pour 100 dû aux rafles, pépins, peaux est d'autant plus grand, chacun le sait, que les grains sont plus petits. *Au delà* de cette limite, le rendement en vin décroît quand le poids des raisins continue à croître. C'est ce qui arrive pour les vignes qui portent un excès trop considérable de grappes : la surfructification entraîne ici, pour conséquence, la diminution de la récolte en vin.

Ces explications étant données, revenons à nos cas de dépérissement de la vigne.

D'Algérie, région de Bône, je recevais fin mai la lettre suivante :

«Je viens de constater dans la région de Bône de nombreuses souches mortes ou entièrement dépérissantes.

»Ces souches formées de Carignan sur Rupestris ou sur 3306, âgées de 4 ans. présentaient en 1904 une grande végétation ; elles ont été taillées au mois de décembre, comme à l'ordinaire, et n'ont pas poussé au printemps. Cependant, il *doit* y avoir eu un arrêt de végétation vers le mois d'août 1904, car, renseignements pris, les raisins portés par ces pieds ne sont pas *arrivés à une maturité normale, ils sont restés verts et acides.*

»Bien que le sol soit riche et perméable, avec un excès de calcaire n'ayant pas donné de chlorose, les racines sont pourries, alors qu'aucune altération ne se trouve à vue d'œil ni sur la tige du porte-greffe, ni au point de greffage, ni sur le greffon. Je serais très heureux si vous pouviez indiquer la cause de ces dépérissements et les remèdes ou moyens à employer pour y remédier. Par courrier, je vous envoie un colis contenant : 1° terre du sol sur une épaisseur de 0 m. 30 à 0 m. 60 ; 2° terre du sous-sol prise à 0 m. 70 de profondeur; 3° un pied mort et deux pieds presque morts. Je suis porté à croire qu'il y a eu mauvaise adaptation des porte-greffes par suite d'un excès de calcaire et que le mal date bien du mois d'août de l'année dernière ; sous l'influence de la chaleur, il y a eu arrêt brusque de cette grande végétation ; c'est vraisemblablement la cause de la désorganisation des racines. Les mêmes altérations se produisent souvent sur les plants de pépinières arrachés trop hâtivement avant parfait aoûtement des pousses».

Voici une autre lettre qui a été adressée d'Algérie au Directeur du *Progrès agricole* :

« Un grand nombre de cas de dépérissements ont été constatés, cette année, dans les vignobles de la plaine des Issers. Ces dépérissements semblent atteindre plus particulièrement les Alicantes-Henri-Bouschet. L'an dernier (1904), la vigne avait une végétation superbe et, cet hiver seulement, pendant le repos de la végétation, beaucoup de pieds sont morts et pour les autres la végétation est tardive, chétive et rabougrie.

» Des dépérissements semblables ont été signalés un peu dans toute l'Algérie et particulièrement en Tunisie. Quelles peuvent être les causes d'effets aussi rapides ? Doit-on attribuer le mal au *Coepophagus echinopus* ou bien au *Stearophora radicicola* ? Les vignes examinées d'ailleurs dans notre région n'ont pas révélé la présence de l'acarien....».

Ces deux lettres émanent de très bons observateurs. Partout, on le voit, les vignes atteintes étaient fort belles en 1904. J'ai pu en juger par les spécimens que j'ai eu à étudier : les coursons réservés à la taille étaient de grosseur peu commune. Mais partout aussi les fruits ont plutôt mal mûri. L'arrêt de végétation signalé au mois d'août ne pouvait pas être un arrêt de végétation proprement dit ; car il y a beau temps en Algérie qu'à cette époque la souche a cessé de pousser, si elle a des fruits. Ce qui s'est produit, c'est sans doute une dessiccation des feuilles avec tous les caractères de la *brunissure* plus ou moins accusés. Les souches qui m'ont été envoyées étaient jeunes, 4 ans ; c'est l'âge où souvent elles se chargent volontiers de fruits. En tout cas, sur leurs racines pourries, je n'ai pu trouver ni acarien, ni trace de son passage. Qu'il ait disparu pendant le voyage, cela est possible : mais les galeries qu'il creuse dans les écorces pourries, les ouvertures par où il rentre ou sort n'étaient point visibles. Au reste, qu'importe.

Dans les tissus morts et pourris, on trouve nécessairement des mycéliums divers, mais différents de ceux qui amènent le pourridié. Jouent-ils un rôle de destruction des racines ? Les parties vivantes n'en renferment pas. Mais ces mêmes parties vivantes sont constituées par des tissus *vides*, surtout dans les souches qui n'ont pas poussé et qui, en conséquence, n'ont pu utiliser leurs réserves. C'est donc que ces réserves ne se sont pas constituées, et la cause la plus énergique qui s'oppose à leur formation, c'est l'excès de raisins.

Le remède à appliquer découle de ce qui précède : enlèvement des grappes, s'il en est encore temps, chez les vignes affaiblies : taille très courte l'année prochaine : forte fumure donnée de bonne heure avant l'hiver. Il va sans dire qu'il n'y a aucun inconvénient à remplacer de suite les vignes mortes ou mourantes, puisque dans le sol il n'y a aucune maladie à redouter.

Sur les cas de dépérissement de la vigne qui se sont produits dans la plaine des Issers, j'ai reçu la lettre suivante, qu'on lira avec intérêt :

« Je viens de lire votre rapport *Sur le dépérissement de quelques vignes en Tunisie et en France.*

» Il serait peut-être intéressant de vous signaler quelques cas de dépérissement constatés en Algérie, qui corroborent complètement, à mon avis, votre manière de voir.

» Les riches alluvions de la vallée de l'Isser ont été, depuis 1898, couvertes de plantations de vignes, effectuées, sur défoncement, au moyen de cépages à grands rendements. Le plus fertile de ces cépages a été sans contredit l'Alicante-Bouschet qui a donné en 1904, avec l'aide d'une taille généreuse, des rendements *allant jusqu'a 250 hect. à l'hectare.*

» Cette récolte miraculeuse mûrit plus ou moins bien ; les feuilles brunirent beaucoup plus que de coutume à l'arrière-saison. *En 1905*, au moment de la taille on constata la mort de nombreux ceps ; et après le départ de la végétation le dépérissement se montra.

» Les vignes les plus atteintes par ce mal plus ou moins mystérieux, qui effraya plus d'un vigneron mal renseigné, sont plantées sur d'anciens terrains à tabac, c'est-à-dire sur des terrains ayant reçu de fortes fumures au fumier de ferme. Connaissant l'affinité du tabac pour l'azote et la potasse, je pense que des fumures reçues, il ne restait à la disposition de la vigne que l'acide phosphorique dont l'action favorable sur la fructification est connue. Il faut ajouter que l'un des anciens terrains à tabac est souvent noyé pendant l'hiver ; mais quoi qu'il en soit, d'une manière ou de l'autre, l'équilibre entre la

vigueur de la souche et la production était rompu au détriment
de celle-là qui dépérit.

» D'autre part, de jeunes Mourvèdres ayant donné, en 1905,
une production excessive ont dépéri en 1905, mais je ne
connais point de cas de mort pour ce cépage.

» Aucun de ces dépérissements n'affectait la forme régulière
que prennent les dépérissements dus à l'action toujours cen-
trifuge d'un insecte.

» Veuillez agréer, etc.

» MONSEMPÈS ».

A l'étranger, des cas semblables se sont produits. L'un d'eux
a été signalé au Congrès de Rome, en 1903, par M. Cucowicz,
sous ce titre : Une nouvelle maladie des vignes greffées en
Istrie.

« Dans les territoires vinicoles de Pirano, d'Umago et de
Brice, en Istrie, il s'est manifesté au printemps de 1902 un
dépérissement soudain et la mort inopinée de vignes européennes greffées sur plants américains.... Avant le printemps
de 1902, ces vignes ne provoquèrent jamais de plaintes pour
cause de dépérissement, si ce n'est çà et là pour la chlorose
de Riparias plantés dans des parcelles trop calcaires ou par des
greffes n'ayant pas pris.

» 1900 fut une année de bonne récolte, tant pour les vignes
européennes franches de pied que pour les vignes greffées.
L'année 1901 surpassa encore la précédente : **depuis bien des
années on n'avait vu une production aussi abondante.**
Les plants greffés firent fureur....

» M'étant rendu en juin dernier (1902) à Pirano et à Umago,
appelé par des viticulteurs qu'alarmait l'aspect nouveau et
inattendu pris par les vignes pendant le printemps, je fus
aussi surpris qu'eux par le spectacle nouveau qui se présentait à moi. En effet, les vignes ne montraient plus, comme par

le passé, une végétation uniforme et luxuriante. Mais je trouvais au contraire des vignes qui, avec une souche grosse et bien formée, n'avaient pas même débourré et qui étaient mortes ou moribondes à côté d'autres superbes, plantées en même temps, de la même espèce américaine et greffées sur le même bois européen. D'autres vignes présentaient, au contraire, des jets courts, misérables, jaunâtres ou verts. A première vue, il semblait que les vignes eussent été frappées par un accident violent qui aurait tronqué *instantanément leur existence*, etc....».

Plus intéressant, à mon avis, est celui qui s'est produit en 1898 en Californie et qui a été étudié par MM. Bioletti et E. H. Twight. J'y reviendrai plus loin.

La maladie des vignes de Californie

La célèbre maladie de Californie, *California vine disease*, a été, comme on sait, attribuée aux causes les plus diverses. Pour M. F.-W. Morse, qui fut le premier chargé de l'étudier, elle est due à des modifications accidentelles du climat, du sol et particulièrement du régime pluvieux. En quoi consistent ces modifications? M. Morse ne le dit pas, et son opinion reste ainsi assez vague pour ne pas paraître entièrement erronée.

M. Schribner la considère comme la conséquence de l'appauvrissement du sol en matières fertilisantes. Mais M. Pierce fait justement remarquer qu'elle se produit même dans les sols les plus fertiles.

Aucun de ces auteurs ne la rattache à l'action d'un parasite quelconque ; et, comme quelques personnes la considèrent déjà comme un simple accident, on se prend à douter de son existence.

On y croit peut-être davantage quand, en 1891, MM. Viala

et Sauvageau signalent dans les tissus des feuilles en voie
d'altération la présence d'un organisme singulier, voisin de
celui qu'ils ont observé dans les feuilles atteintes de Brunissure,
et qu'ils appellent *Plasmodiophora Californica*. Je ne m'étendrai
pas longuement sur ce prétendu organisme : j'ai déjà montré
en étudiant la Brunissure qu'il était un simple dérivé des
corps chlorophylliens, et qu'il devait être rayé de la liste des
êtres : conclusion qui vient à l'appui de la manière de voir
de ceux qui ne croient pas à l'existence de la *California vine
disease* en tant que maladie : un organisme qui n'existe pas ne
peut produire qu'une maladie qui n'existe pas davantage.

M. Newton Pierce a consacré à cette maladie plusieurs rap-
ports très importants. Celui de 1892 est particulièrement complet. Il est bourré de faits, et de faits extrêmement suggestifs,
quand on les interprète avec d'autres idées que celles qui ont
présidé à leur coordination.

L'analyse d'une belle étude de MM. Bioletti et Twight sur
le dépérissement des vignes de la vallée de Santa-Clara, et
que ces savants attribuent à la surproduction et à la sécheresse,
m'a suggéré l'idée que la maladie de Californie pouvait bien
être due aux mêmes causes, ou plutôt seulement à l'une d'entre elles, la surproduction.

«Le vignes mortes sans cause apparente pendant les trois
dernières années (1898 à 1900), disent-ils, n'ont pas été obser-
vées dans la partie ouest de la vallée de Santa-Clara. Des cas
similaires ont été constatés et examinés sur une grande étendue dans la partie nord du comté de Sononcas, ainsi que dans
les parties ouest et sud de la vallée de Santa-Clara, et la maladie a atteint presque tous les vignobles de ces régions. Dans la
partie ouest de la vallée de Santa-Clara, les cas de cette maladie sont plus nombreux et s'étendent parfois à toutes les souches. Dans aucun des cas examinés, la disposition des vignes
malades ou mortes ne suggère l'idée qu'elle est due à une ma-

ladie parasitaire. A côté d'une souche morte, on en trouve de très vigoureuses.

Fig. 7.
Souche très vigoureuse en 1904, comme le montrent les bois de taille; sa végétation fin 1905 est très faible. Les figures 8 à 14 montrent des souches egalement affaiblies par la surproduction.

»On doit remarquer que, parmi ces vignes, on n'en trouve

pas une seule très jeune. Tous les vignobles que nous avons examinés, *âgés de moins de huit ans*, ne présentent aucun signe de dépérissement. Dans tous les cas de vignes jeunes malades, il y avait soit un manque de culture, soit le phylloxera, soit toute autre cause bien connue. On doit aussi remarquer que les vieilles vignes greffées avant les trois années de sécheresse (1897 à 1899) sont très vigoureuses. Ainsi, de vieux Mataro, greffés en Verdal en 1896, présentent un beau développement, tandis que, dans la partie contiguë, des vignes de même variété et même âge, mais non greffées, sont toutes détruites.

»On peut constater de très grandes divergences entre les diverses variétés de vignes. Les plus gravement atteintes sont : Mataro, Zinfandel, Ros of peru, Mission, Emperor et Burger. Les variétés les moins atteintes sont : Grenache, Muscat et Verdal. Ces trois dernières variétés, qui dans bien des endroits paraissaient très atteintes l'année dernière, se sont bien développées depuis le printemps. Quelques autres variétés semblent tout à fait résistantes. Parmi ces dernières, on doit noter d'abord : Trousseau, Cabernet-Sauvignon, Pinot (?), Verdot, Robin noir et Herbemont. Cette liste nous indique que les plus forts producteurs sont toujours plus attaqués, et que toutes les variétés indemnes sont celles à faible production. Cette différence entre les variétés est si marquée que plusieurs ceps de Trousseau, croissant au milieu d'un groupe de Mataro, sont d'apparence très vigoureuse, tandis que les Mataro sont tous morts.

»Les causes générales de ces affaiblissements semblent donc être les grosses récoltes de 1896 et 1897, et les quatre années de sécheresse qui leur ont succédé.

»L'immunité que nous avons constatée dans les vignes jeunes et chez celles qui ont été greffées en 1897 provient de ce que ces vignes jeunes ont pu résister à la sécheresse, parce qu'elles n'ont rien produit en 1897, et, par suite, n'étaient pas affaiblies. La même raison explique l'immunité des variétés à faible production».

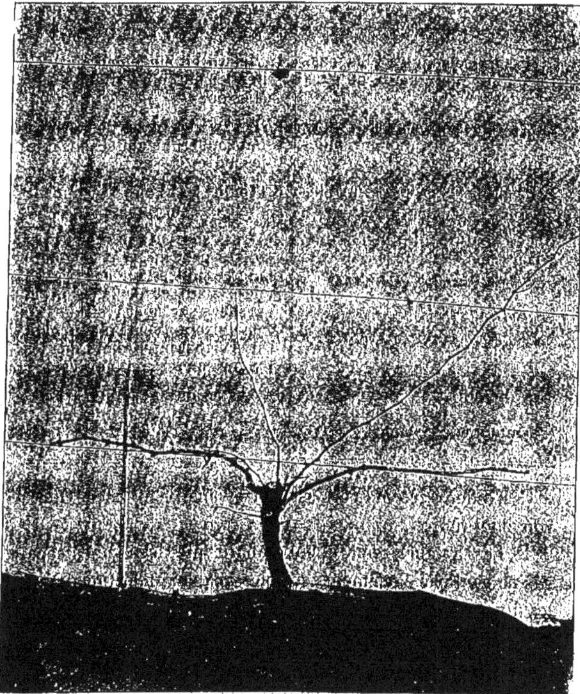

Fig. 8.

Et cependant les savants auteurs de ce rapport essaient de distinguer le dépérissement de *Santa-Clara* de celui d'*Anaheim*, plus connu sous le nom de *Maladie de Californie*. Les différences qui leur paraissent exister entre l'un et l'autre, ils les indiquent dans le tableau suivant :

Signes caractéristiques de la maladie d'Anahein	Signes caractéristiques des vignes mortes dans la vallée Santa-Clara
1. Mission se montre plus susceptible que Mataro ou Zinfandel.	1. Mataro et Zinfandel sont généralement plus atteints que Mission.
2. Les vignes placées à l'ombre des arbres sont moins rapidement attaquées.	2. Les vignes près des arbres ont souffert autant et plus que les autres.
3. Le greffage n'a pas sauvé les vignes.	3. Toutes les vignes récemment greffées sont saines.
4. Les boutures des vignes malades dépérissent aussi vite que les vignes.	4. Très souvent, des boutures prises pendant les 2, 3, 4 dernières années sur des vignes de Mataro et de Mission et greffées sur sujet résistant au phylloxera sont maintenant très vigoureuses, alors que les vignes mères sont mortes.
5. L'altération des racines peut être considérée comme un symptôme constant.	5. Les racines de la plupart des vignes atteintes sont saines.

Ces différences me paraissent être sans importance. On va voir pourquoi :

1° Les auteurs remarquent d'abord que les mêmes cépages ne sont pas également sensibles aux deux affections. Mais les diverses variétés de vignes ne fructifient pas *simultanément* bien. Telle qui produit beaucoup ici une année peut produire très peu ailleurs, ou une autre année. En 1896 et 1897, Mataro et Zinfandel ont pu être plus fertiles que Mission. En 1884, etc., Mission a pu être plus fertile que les deux cépages précédents ;

2° Il est clair que le greffage ne peut être efficace que l'année même de la surproduction : greffer des plantes déjà très affaiblies, c'est encore, souvent, les affaiblir davantage ;

3° Que des boutures prises sur des souches affaiblies dépérissent très vite, cela ne saurait surprendre, puisqu'elles sont déjà épuisées au moment de la plantation. — Que greffées sur des sujets sains, au contraire, elles donnent de très belles

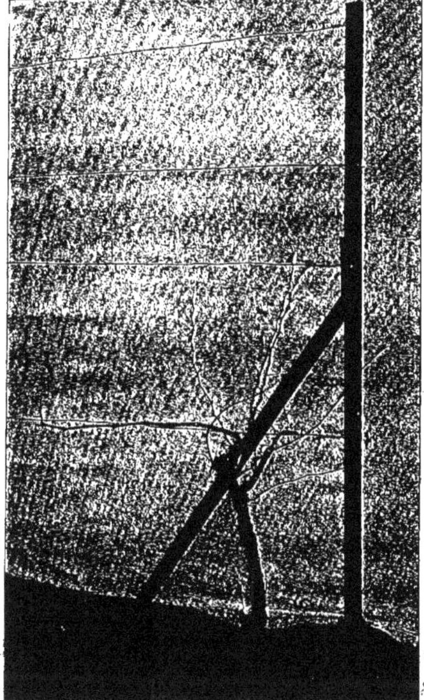

Fig. 9.

souches, cela se conçoit aussi aisément, puisqu'elles sont nourries par les tissus normaux et riches du sujet.

4° Les altérations sont visibles sur les racines qui vien-

nent de succomber. Trois ans après les premières manifestations du dépérissement (cas de Santa-Clara), les racines
pourries sont disparues ; sur les souches vivantes, il reste
seulement celles qui sont saines.

En résumé, les caractères de la maladie de Californie, tels
qu'ils sont donnés dans les publications, me paraissent bien
identiques à ceux des vignes affaiblies de Santa-Clara *et de tous
les cas de dépérissement que nous avons vus se produire en Tunisie, en Algérie et en France*. Ce qui montre encore que les
affaiblissements de la vigne en Californie sont liés à la production, c'est qu'ils sont moins fréquents sur les porte-greffes *Jacquez*, *Champin* et même *Rupestris-St-Georges*. Ce sont
les vignes greffées sur ces sujets qui résistent le mieux à la
maladie de Californie. Or, on sait bien en France que les
greffes sur *Jacquez* sont peu fertiles et tout particulièrement
coulardes. Sur *Champin*, les greffes sont peu nombreuses.
L'Ecole de Montpellier en possédait encore quatre rangées
l'année dernière. Elles étaient fort belles, mais bien peu fertiles ; j'ai des chiffres qui l'établissent. Et il me semble que
le *Rupestris* est aussi quelque peu coulard. En conséquence,
le dépérissement produit par la *California vine disease* paraît être de même nature que celui de Santa-Clara et que tous
ceux qui se produisent en France et ailleurs, à la suite des
grosses récoltes .,

Eh bien, les preuves favorables à cette manière de voir
abondent dans le travail de M. Pierce. Le lien qui unit
la maladie à la surproduction semble être le *leit-motiv* de ce
travail. L'auteur s'en est préoccupé constamment ; seulement
l'interprétation qu'il en a donnée ne lui a pas permis d'en voir
la véritable portée.

Voici d'abord un passage qui exprime le point de vue de
M. Pierce à ce sujet :

« *Il est reconnu*, dit-il, *qu'une augmentation de la fruc-*

tification, quoique variable, est généralement le premier indice de l'existence de la maladie dans un vignoble. On a en effet observé que l'irritation causée par l'action directe ou indircte des para-

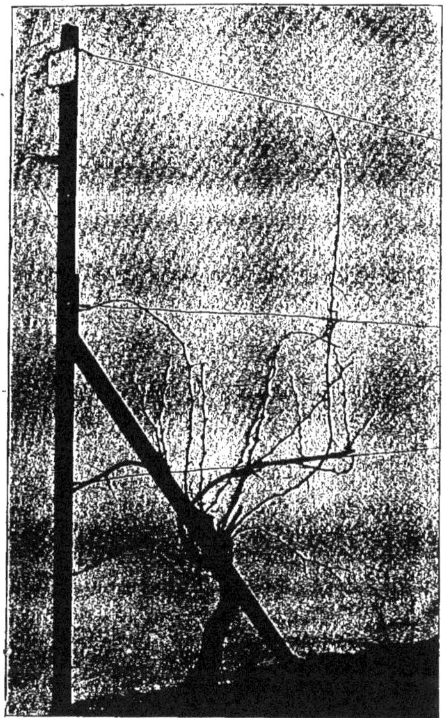

Fig. 10.

sites ou organismes pathogènes, végétaux ou animaux, a pour effet une anormale augmentation de la circulation chez leurs hôtes. Cela est très marqué dans presque toutes les

maladies, particulièrement pour les fièvres. On rencontre
aussi très souvent des monstruosités végétales dues à l'action
stimulante, à l'irritation produite par quelque champignon
parasite localisé. Millardet a observé que des vignes attaquées par le champignon des racines Ag. melleus, dans le
Sud de la France, portaient une très belle récolte de grappes
avant de présenter tout autre signe apparent de la maladie.
Cela est très marqué dans des cas qu'il rapporte : Un groupe
de souches attaquées par ce champignon présentait toutes les
apparences d'une parfaite santé, et produisit une récolte
exceptionnellement abondante, sans manifester avant l'année
suivante d'autre symptôme extérieur de maladie.

»Pour un vignoble dont toutes les vignes sont malades, il
est difficicile de dire si une récolte donnée est normale. Si la
partie attaquée était limitée à une portion du vignoble ou
encore à un seul vignoble de toute une région indemne on
pourrait, par comparaison, savoir s'il y a eu une récolte normale ou anormale. Mais quand toutes les vignes sont atteintes dans une région très étendue, quand les conditions, pour
chaque vigne, sont très variables, que beaucoup de vignobles
sont jeunes et en production croissante, l'appréciation de la
récolte est très malaisée.

»Par suite de la différence de résistance offerte à la maladie
par les diverses variétés *l'année même où une variété com-
mence à être attaquée et donne, par suite, une récolte plus
abondante*, peut-être aussi l'année où une variété, moins ré-
sistante, dans un même vignoble, a presque entièrement succombé. Il n'est pas impossible que pour deux vignobles de
même variété, mais d'âge différent, la récolte soit anormale
pour le vignoble plus âgé et seulement moyenne pour le plus
jeune, ce qui veut dire tout simplement que le vignoble le
plus faible est aussi celui qui montre le premier l'influence de
la maladie.

»La «Gazette d'Anaheim» du 10 octobre 1885 nous dit au

sujet *des effets de la maladie sur la fructification* des diverses variétés :

« On a beaucoup parlé cette *saison de la récolte anormale des*

Fig. 11.

5

» *vignes* et nous avons pu observer ce phénomène d'une façon
» surprenante dans le vignoble de Muscat de M. J.-J. Duffe,
» situé à un mille au nord de la ville. Le vignoble a produit
» *12 tonnes par acre* et on peut évaluer à une tonne par acre la
» seconde récolte laissée sur les vignes. Deux ceps ont
» donné trois *baquets (trays)* de raisins, pesant chacun 70
» livres, ce qui donne pour chaque cep une récolte de 105
» livres. M. Staley, directeur des vignobles de Mc. Pherson
» frères, qui a acheté cette récolte, dit que c'est la plus
» abondante de tous les vignobles du pays. . . . M. Duffe réa-
» lisera 200 dollars par acre (la 2me récolte comprise, sans
» frais de cueillette . . . etc.) ».

»On sait bien que les vignes de Muscat résistent à la maladie
au moins 1 an de plus que les Missions, et, dans quelques
cas, les Muscats demandent 2 ou 3 ans de plus pour montrer
les effets de la maladie sur leur production. Les vieilles vignes
de Mission ont donné seulement une très faible récolte cette
année là (1885).

»L'année suivante, la «Gazette» nous rapporte un contraste
encore plus marqué et plus intéressant. Le 11 septembre 1886,
ce journal dit :

« La récolte sera si faible dans quelques vignobles de
» Mission que les propriétaires ont vendu une partie de leurs
» ustensiles vinaires, réservoirs, barriques, etc. ».

»Deux semaines plus tard, ce même journal remarque :

« Le vignoble d'Anaheim et des environs a donné cette année
» une récolte supérieure à la moyenne, les vignes de Mission
» exceptées; les Zinfandel et les Malvoisie principalement ont
» donné dans certains vignobles une récolte de 5 à 8 tonnes
» par acre ».

»Cela démontre une fois de plus que les Malvoisie sont
parmi les variétés les plus résistantes. Toutes les vignes dont
il vient d'être question sont mortes en ce moment».

Ainsi en 1885, il y a surproduction. La «Gazette d'Anaheim»

l'atteste sans tergiversation. Elle constate que le Muscat a au moins dans un cas produit 13 tonnes de raisin par acre, soit

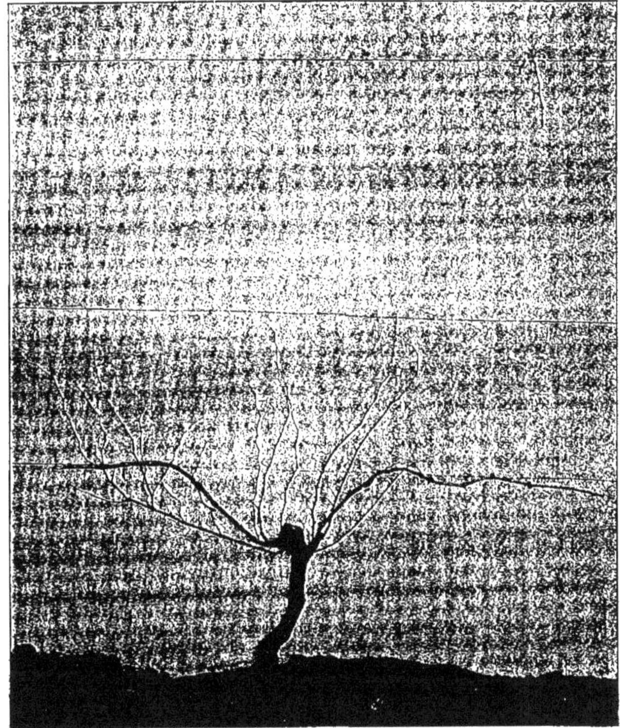

Fig. 12.

32.500 kilos par hectare. Pour du Muscat, c'est évidemment remarquable.

Pour la variété Mission, la surproduction s'est produite en

1884, ainsi qu'en témoigne la «Gazette d'Anaheim». Le 25 octobre 1884, ce journal écrit en effet :

« Le *grand accroissement de la production* des vignes, cette
» année, est dû à ce fait que des centaines d'acres de nou-
» veaux vignobles ont produit une première récolte abon-
» dante. On n'a pas utilisé cette grande quantité de raisins
» et les cultivateurs encore peu expérimentés murmurent et
» parlent de surproduction. Ils ne considèrent pas que la
» vraie cause de cet encombrement est que les celliers n'ont
» pas augmenté dans les mêmes proportions que les vignobles.
» Il n'y a aucun danger de surproduction, excepté pour les
» productions des qualités inférieures ».

L'explication est trop tirée par les cheveux pour qu'il soit utile d'insister sur cet article de la « Gazette ». Passons.

Le passage suivant du rapport de M. Pierce montre bien encore que l'année 1884 fut pour les Mission surtout une année de grosse récolte.

« Mais en juillet 1886, dit-il, le mauvais état du vignoble a attiré l'attention générale ; la «Gazette d'Anaheim» du 24 juillet 1886 dit :

» A la suite de l'appel publié dans le numéro de la semaine
» dernière, un grand nombre de viticulteurs se sont réunis
» Lundi soir à Kroegers. Ils ont discuté sur la maladie de la
» vigne. A. Langenberger et F. Hartimg ont été chargés de
» correspondre avec le professeur Hilgard au sujet d'une
» maladie qui vient de se montrer dans beaucoup de
» vignobles ».

L'auteur rend ensuite compte du meeting.

« Le principal thème de la discussion a été la maladie qui
» s'est montrée pour la première fois cette année dans les
» vignes de Mission. Dans la première partie de la saison
» un grand nombre de vignes cessèrent de pousser, tandis que
» d'autres produisirent seulement quelques petites feuilles
» bientôt desséchées. On nous communique un fait sans

» précédent dans les vignobles qui sont maintenant en pleine
» floraison. Des vignes qui étaient vigoureuses et belles, il y
» a trois semaines ou un mois, commencent maintenant à se

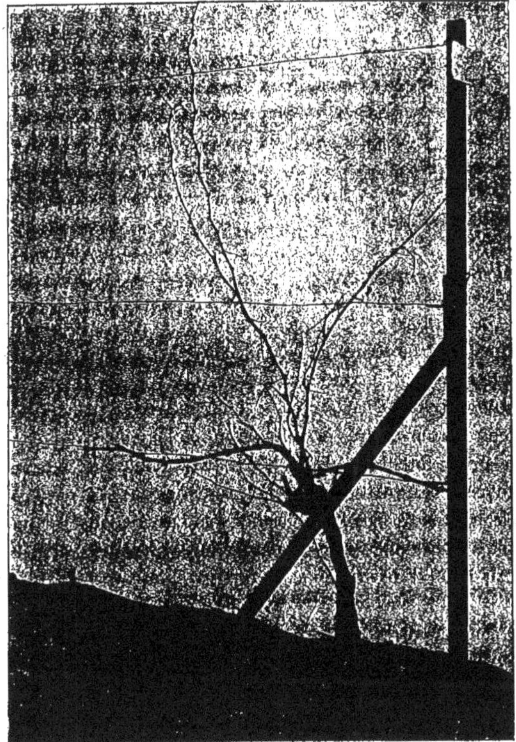

Fig. 13.

» flétrir et à se dessécher et les grains se détachent. Cela est
» surtout apparent dans les vignes de Mission, quelques autres

» variétés sont aussi atteintes, mais à un degré moindre.
» Dans un vignoble de 20 acres au nord d'Anaheim, il y a
» seulement deux souches de Mission plantées par accident.
» Ces deux vignes se différencient à une grande distance, leurs
» feuilles jaunes et desséchées formant un contraste marqué
» avec la riche végétation des vignes voisines. Les vignes
» affectées sont de tous les âges, dans toutes espèces de sols
» et de localités».

Le Compte rendu de ce meeting, à la fin de juillet 1886,
est la première manifestation publique de l'importance de la
maladie qui décime les vignobles. *Mais ce n'est pas la première
apparence de la maladie. Les vieilles vignes de Mission étaient
en si mauvais état l'année précédente (1885) que le journal a
pleinement raison de dire que ce n'était pas une année pour
les vignes de Mission.*

Un territoire dans lequel, comme à Anaheim, on cultive
principalement les vignes de Mission a été cette année-là très
mal partagé et les cultivateurs de cette région ont eu une
pauvre récolte. Tout le monde reconnaît que la maladie s'est
montrée pour un très grand nombre de vignobles au moment
de la plus forte chaleur de 1885 ; mais comme la récolte a été
sauvée, il en est peu question à cette époque. La principale
raison de l'absence de publications sur ce sujet en 1885 était
sans aucun doute l'ignorance de ce que réservait l'avenir et le
désir naturel de ne rien exagérer.

Voici d'autres faits qui, dans l'esprit de M. Pierce, montrent bien le lien qui unit surproduction et maladie :

« Au lieu de comparer des vignes de résistance différente
dans leur récolte d'une seule saison, il sera peut-être plus
intéressant d'observer la récolte d'une seule variété et d'un
seul vignoble plusieurs années avant la maladie, dans différents points du district attaqué.

»Le vignoble du docteur J.-D. Chaffee, à Garden Grove,

comprend 45 acres de Muscats plantés en 1877. Ces vignes *ont produit une récolte anormale en 1884* dès la première atteinte de la maladie. Elles ont dépéri en 1885 et ont dû être

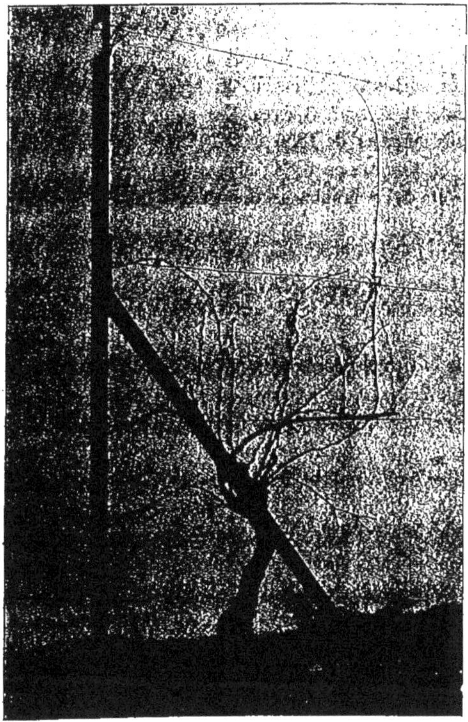

Fig. 14.

arrachées en 1888. La récolte de ce vignoble est donnée en livres de raisin. En 1880, 500 livres ; en 1881, 900 livres ; en 1882, 300 livres; en 1883, 3000 livres; en 1884, 4000 livres;

en 1885, 3000 livres; en 1886, 2500 livres; en 1887, 1000 livres;
en 1888 à peu près rien. Ici, la récolte de 1884 a été de 33 o/o
plus forte que celle de 1883, et depuis lors elle a diminué
rapidement jusqu'à la mort des vignes. Cette suite de chiffres
est intéressante.

» M. S. G. Baker de Norwalk a un vignoble composé des
variétés suivantes : Mission, 35 acres ; Burger, 2 acres ;
Zinfandel et Muscat, 3 acres. Ces vignes ont été plantées à
diverses époques de 1860 à 1870 : 10 acres sont morts en
1887, et 30 acres en 1888 ; elles ont été arrachées en 1890.
La récolte de ce vignoble est donnée en livres de fruit par acre.
En 1880, 4000 livres ; en 1881, 8000 livres ; en 1882, 10000
livres; en 1883, 10000 livres; en 1884, 20000 livres ; en 1885,
14000 livres; en 1886, 6000 livres; en 1887, mort de beaucoup
de vignes ainsi qu'en 1888; en 1889, vignoble en mauvais état ;
en 1890, 3000 ceps restaient seulement sur les 40 acres. *Ces
chiffres montrent que l'année 1884 a été merveilleusement pro-
ductive, les vignes ayant donné au moins 10 tonnes de raisins
par acre, tandis que dans les années précédentes elles n'avaient
jamais produit plus de 5 tonnes par acre. L'année 1885 eut
aussi une belle récolte et depuis lors les vignes ont rapidement
succombé.* A l'automne 1889, il restait seulement 12 ceps de
Mission sur les 35 acres. Ce cas présente une valeur toute spé-
ciale, puisque les vignes étaient âgées et en pleine production
avant l'arrivée de la maladie.

» M. Th. Brigham nous communique gracieusement un
rapport sur deux variétés de vigne près de Florence. Le premier
vignoble comprenait 8 acres de Muscat plantés en 1877 : 1000
souches étaient mortes en 1889 et en 1890 et plus de la moitié
des vignes étaient très malades. La récolte est donnée en
tonnes de fruits pour les 8 acres.

	Tonnes
1882	35
1883	45
1884	57
1885	74 1/2
1886	71 1/2
1887	64
1888	**106**
1889	30 1/4
1890	35 2/3

«La production va en augmentant de 1889 à 1890. Je suppose que cela est dû à l'augmentation de la puissance d'un jeune vignoble, mais on ne m'en a pas informé. Depuis ces dates, le vignoble a dû être arraché». — 106 tonnes pour 8 acres = 30.000 kilos par hectare : C'est joli, pour des vignes qui ne sont pas des Aramons.

«Deux faits sont importants dans ce rapport. La maladie a atteint les vignes beaucoup plus tard qu'à Garden Grove et à Norwalk. La surproduction très marquée suivait trois années pendant lesquelles la récolte presque uniforme déclinait un peu. Ce vignoble était certainement en pleine production avant l'apparition de la maladie, cela est démontré par l'âge des vignes et l'uniformité de la récolte de 1885 à 1887. *La grande augmentation de récolte d'une part, et l'année suivante sa réduction brusque des 2/3 sont certainement dues à la maladie.* Il est aussi intéressant de noter que cette surproduction n'arrive pas immédiatement après la pluie de 1883 à 1884, comme à Garden Grove et à Norwalk, et il est évident que la pluie n'a pas eu d'action directe sur la récolte anormale. Cela concorde mieux avec le développement de la maladie et la mort des vignes à Florence et à Los Angeles qu'à Anaheim, qui est plus près de Garden Grove et Norwalk.

»Le deuxième vignoble de M. Brigham comprend 2 2/3

d'acres de Mission plantées de boutures racinées en 1883.
Ces vignes, qui ne présentaient aucun signe de maladie en
1888, étaient toutes mortes en fin de 1889 et ont été arrachées
au printemps de 1890. La récolte donnée en tonnes pour le
vignoble entier est la suivante :

1886.............................	7
1887.............................	16 2/3
1888.............................	**28**
1899.............................	6

»(En 1888 on n'a pas récolté 12 ou 15 tonnes qui avaient
pourri sur les souches. La production de 1888 atteint 37 tonnes par hectare, soit près de 300 hectolitres de vin, toujours
pour des vignes qui sont loin d'avoir la fertilité de nos
Aramons).

»Ce rapport a peut être moins de valeur que le précédent, les
vignes étant plus jeunes, mais sa portée est à peu près la
même. Comme ces vignes étaient seulement âgées de 4 ans
en 1886, on peut croire qu'une partie de l'accroissement
de récolte en 1887 peut être attribuée à l'accroissement de
leur puissance la maturité des souches, mais cela ne justifie
pas une augmentation aussi considérable et encore moins
celle de 1888, alors que les vignes étaient déjà bien malades,
puisqu'elles sont mortes l'année suivante. *La grande production de 1888 est évidement due à l'action stimulante de la
maladie, et une partie de la récolte de 1887 est due probablement
à la même cause.*

»A côté de la propriété de M. Brigham se trouve un
vignoble de 35 acres de vignes de Muscat appartenant à M. A.
W. Thaxter. Ces vignes ont été plantées au printemps de 1883
en boutures racinées. Elles sont mortes en 1889 et 1890 et
ont été arrachées en décembre 1890. La récolte du vignoble
est approximativement en tonnes de 1885 à 1890 :

	Tonnes
1885.	60
1886.	120
1887.	158
1888.	**235**
1889.	150
1890.	50

»Environ 75 tonnes n'ont pas été ramassées en 1888 parce les raisins étaient pourris. C'est encore pour 1888 une production de près de 10 tonnes par acre.

»Il est possible que la pourriture des raisins de MM. Thaxter et Brigham en la saison de 1888 soit due en partie à la maladie. Comme cela a été observé à Anaheim dans les vieux vignobles de Mission.

»Dans le vignoble de Nadeau, près de Florence, *la récolte de 1888 a été des plus considérables*. En 1889 elle a été réduite de 25 o/o en dépit du fait que beaucoup de vignes étaient très jeunes. A Santa-Ana la *surproduction a eu lieu en 1885 et principalement en 1886*. Cela montre qu'il n'y a pas de connexion entre la chute de pluie de 1883 et 1884 et la surproduction. La date de la mort des vignes dans cette région s'accorde bien avec la distance de l'endroit où la maladie s'est premièrement développée.

»La récolte du vignoble de Muscat de M. R. M. Hazard planté en 1882 près de Tustin, évaluée en boîte de raisins pour 10 acres, est la suivante :

	Boîtes
1885.	474
1886.	**1360**
1887.	350
1888.	170

»Une partie de la récolte de 1886 peut être due à une augmentation naturelle, mais cela n'est pas la seule cause, puisque l'année suivante la récolte avait diminué d'un quart.

»M. A. Reuter, près de Santa-Ana, a deux vignobles : un de Muscat planté en 1878 ; un autre de Burger planté en 1881-1882. Le rapport sur les Muscats est plus concluant, puisque les vignes étaient en pleine production avant la maladie. La récolte est donnée en tonnes par acre :

	Tonnes
1881	4
1882	7
1883	7
1884	7
1885	8
1886	8
1887	3
1888	1

»Les Burgers donnèrent par acre :

1884	8
1885	9
1886	9
1887	2
1888	0.

»*Dans ces 2 cas, les vignes ont porté deux récoltes abondantes avant leur rapide dépérissement* et le rapport correspond avec tous ceux relatant le développement de la maladie dans cette localité.

»Près de Redland, il y a un vignoble de Mission planté en 1857 et appartenant au Prof. C. R. Paine. Depuis 1886 la récolte en tonnes par acre a été la suivante :

1886	5,32
1887	8,14
1888	7,46
1889	4,14

»On remarque ici une augmentation de production pour des vieilles vignes arrivées depuis longtemps en pleine maturité. Il faut constater que *la grande récolte ne s'est produite ni en 1884* comme a Garden Grove Nonvalk, ni en 1885 et 1886 comme à Santa-Ana et Tustin, mais bien en 1887 et 1888, à cause de l'éloignement du centre de la région infestée».

Et M. Pierce conclut : «*Bien que le fait d'une surproduction due à l'action de la maladie n'ait pas encore été suffisamment étudié et qu'il y ait encore quelques doutes sur ce sujet, tout justifie l'idée que* **la maladie a causé une surproduction.** Je crois qu'un travail futur mettra en lumière des faits qui viendront l'affirmer avec évidence.

»La diminution de la fructification dans les vignobles malades près d'Anaheim, et dans les districts atteints en premier lieu, a progressé plus rapidement que celle qui se produit actuellement dans des parties plus éloignées du centre de la maladie. Cette perte de récolte est plus ou moins rapide et concorde avec les progrès plus ou moins grands de la maladie sur diverses parties. Dans beaucoup de vieux vignobles établis en sol trop sec ou trop fertile et chez certaines variétés moins bien constituées, une *bonne récolte* d'une année peut être suivie par une perte à peu près complète de fruits l'année suivante. Tel a été le cas pour quelques vieux vignobles de Mission à Anaheim. Cependant le plus souvent la diminution a été graduelle, mais elle augmente d'année en année à mesure que les vignes s'affaiblissent».

En d'autres points de son mémoire, M. Pierce revient encore sur cette particularité de la maladie :

Page 112. «On a déjà remarqué qu'en 1884 on a eu aux environs d'Anaheim une merveilleuse récolte. La surproduction précède immédiatement tout autre signe extérieur de maladie et il est probable qu'il constitue le premier symptôme réel de la maladie d'une vigne, etc.».

M. Morse, qui a avant lui étudié la même maladie, écrit :

«La maladie a été particulièrement grave dans le voisinage immédiat d'Anaheim, où l'on rencontre des vieilles vignes de Mission plantées au début de l'installation des vignobles et *qui ont donné de grosses récoltes*».

Ce même travail nous fournit d'autres documents aussi probants que les précédents. Ce sont des photographies, représentant différents états des souches malades. La plus intéressante est celle qui montre la première manifestation de la maladie, je la reproduis ci-contre : Voici le texte qui l'accompagne et l'explique :

Figure 15. — «Vigne de Burger de la propriété de M. F. Gerken, au nord-ouest de l'Orange, une photographie de cette vigne, prise le 19 septembre 1889, montre l'action soudaine de la maladie. Cette vigne peut servir de type caractérisant bien la première période de la maladie.

»Elle a porté **25** belles grappes de raisins qui sont arrivées presque à leur complet développement; mais en 2 ou 3 semaines les feuilles sont tombées et les fruits se sont desséchés. Les sarments dénudés ne sont pas mûrs, ce qui est un des caractères de la maladie. En ce moment, les racines près de la souche sont encore saines, sauf, bien entendu, celles qui ont été abîmées en arrachant la vigne. Un peu plus tard, ces racines deviennent semblables à celles qui sont représentées dans les figures 16 et 17. Cette vigne a montré toutes les apparences d'une parfaite santé durant la plus grande partie de la saison de 1889. Les fruits étaient normalement attachés à leurs rameaux, particulièrement pour cette variété, avant la première attaque de la maladie. En comparant à cette vigne celles plus gravement atteintes présentées dans les figures 16 et 17, on voit que la production de racines secondaires est postérieure à la première manifestation de la maladie. Il faut aussi remarquer que toutes les grappes sont affectées de la même manière et montrent ainsi que l'action de la maladie est générale».

*
* *

Donc, d'après M. Pierce, il y a eu surproduction évidente chez toutes les vignes qui ont succombé ultérieurement à la maladie. Voilà le fait qu'il cite sans cesse au cours de son

Fig. 15.

travail. Mais il le considère comme un **effet**, une **conséquence** de la maladie et, dès lors, il est sans intérêt. Il n'en tire d'ailleurs aucune conclusion dont la pratique puisse faire son profit.

Mais si on le considère non plus comme un *effet* mais comme une **cause,** tout change, et le mystère qui a plané sur cette maladie s'évanouit. Ce qu'elle avait d'étrange disparaît. Son allure cesse d'être inquiétante ; car l'on a désormais pour l'éviter et l'atténuer des moyens aussi efficaces qu'on le peut désirer. Elle n'est même plus une maladie : rien qu'un simple accident que le vigneron ne peut imputer qu'à lui-même.

Voyons maintenant si cette manière de voir est plus justifiée que l'autre. Parmi les faits que nous avons relevés dans le rapport de M. Pierce, aucun d'eux n'est contraire à cette interprétation, mais cela ne suffit pas : y en a-t-il qui la justifient mieux que l'autre ?

Sans doute, nous savons que diverses maladies favorisent la fructification ; et M. Pierce ne l'a pas assez ignoré. Tel le phylloxera, tel aussi le pourridié, etc. Mais nous savons aussi comment elles agissent sur la plante pour en favoriser la fructification: c'est en l'affaiblissant. Les vignes vigoureuses, on le sait, coulent souvent; les vignes faibles ne coulent pas. De telle sorte que l'augmentation du nombre des fruits n'est pas le premier indice de l'existence d'une maladie: elle n'en est que le second; elle est même la conséquence du premier, qui est l'affaiblissement de la plante.

Or, aucun des nombreux correspondants de M. Pierce n'a signalé qu'un affaiblissement quelconque eût jamais précédé la surproduction. M. Pierce ne l'a pas non plus constaté: tout le monde a été très surpris de voir des vignes très belles l'année précédente ne pas pousser au printemps suivant.

A-t-on jamais trouvé quelques parasites dans les tissus des plantes affaiblies, aux feuilles altérées et aux racines pourries? Nullement, car je ne compte pas l'éphémère *Plasmodiophora Californica.* J'ai eu l'occasion, à plusieurs reprises, d'étudier les divers organes des plantes atteintes de la maladie de Californie, et tout récemment encore sur des échantillons bien choisis que M. T. Bioletti a bien voulu m'envoyer. Dans aucun d'eux je n'ai pu trouver de parasite, même dans les tissus en voie d'altération des racines. Par contre, dans ceux-ci, les produits d'altération habituels : globules bruns ou

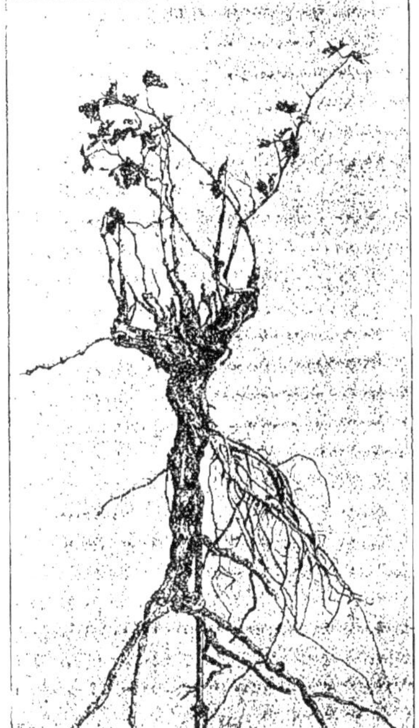

Fig. 16.

jaunâtres qui existent partout ; granulation de dimensions variées et, caractère d'épuisement, noyaux extrêmement réduits. Il faut donc écarter l'intervention d'un parasite.

Au reste, un document très net prouve que cet affaiblisse-

ment ne s'est pas manifesté avant la surproduction. C'est la
photographie de la figure 15. Voilà une souche qui porte un
nombre plus que respectable de grappes (**25**) qu'elle n'a pu
amener à maturité. Les feuilles ont disparu peu à peu en deux

Fig. 17.

ou trois semaines. Ce n'est donc pas un cas de folletage avant
la vendange. Mais les sarments sont remarquablement forts ;
ils ne donnent nullement l'idée d'une plante déjà affaiblie,
mais, bien au contraire, d'une plante qui s'est développée *très*

vigoureusement pendant la période végétative. L'interprétation de M. Pierce est donc ici nettement en défaut. Les premières manifestations de l'état maladif de la souche repré-
sentée par la figure 15, *la chute lente des feuilles*, se produit
toujours ainsi sur les souches trop chargées de fruits. Je
crois l'avoir montré par un grand nomble d'exemples quand
j'ai étudié la Brunissure. En France, comme en Californie,
ce sont toujours les mêmes symptômes. Les photographies
prises cette année dans les collections de l'École par mon
préparateur, M. Soursac, en sont de nouvelles preuves. Elles
représentent les souches trop chargées de raisins et qui ont
déjà perdu beaucoup de feuilles (figures 4 à 6). Les souches
représentées par les figures 1 et 2 appartiennent aux mêmes
variétés que les précédentes : elles ont peu de fruits, mais
encore toutes leurs feuilles.

Enfin, si j'ajoute qu'on peut reproduire, et que j'ai reproduit
à volonté, tous ces symptômes sur un grand nombre de variétés, rien qu'en exagérant la production par une taille généreuse, il faudra bien convenir que l'idée de la *surproduction
effet* n'est pas soutenable ici, et qu'elle est la *cause* directe des
altérations et de la chute anticipée des feuilles et de la
mort de la souche.

Les photographies empruntées au travail de M. Pierce
montrent ce que deviennent les souches un an, deux ans
après l'année de la grande production, quand elles ne sont
pas tuées du premier coup (fig. 16 à 17).

Les photographies prises, cette année, dans les collections,
des souches qui, l'année précédente, avaient trop produit
donneront la même impression. Sur la souche de la figure 8
les coursons étaient très beaux l'année précédente ; ils portent,
cette année, des bois de grosseur insignifiante. De même, les
figures 8 et 14 montrent de beaux bois en 1904, année de la
grosse production, et seulement des brindilles en 1905.

CONCLUSION. — Il y a identité complète entre la *maladie des vignes de Californie* et les cas de dépérissement que nous avons étudiés dans ce travail : tous sont dus à une même

Fig. 18.

cause, la *surproduction*, qui amène l'épuisement de la plante et son affaiblissement ou sa mort.

Il en résulte que la maladie de Californie n'existe pas en tant que maladie ; il est donc au moins inutile d'en faire un épouvantail pour les viticulteurs et de monter contre elle la garde vigilante que l'on sait dans tous les ports de France, d'Europe, etc.

La maladie de Californie ou la surproduction est due à l'inhabilité du vigneron et, si elle est plus fréquente en Californie, c'est que dans ce pays les conditions climatériques sont remarquablement favorables à la fructification. La Californie n'est-elle pas le verger des Etats-Unis et presque du monde? Il doit en être de même en Algérie, Tunisie, etc.

Il est donc facile d'éviter ses effets. D'abord par une taille plus réduite. Mais si la taille réduite assure une production normale dans les années d'abondance, elle peut aboutir à une production insuffisante les années de fructification médiocre. Le mieux, à mon sens, est peut-être de continuer à tailler la vigne comme d'ordinaire et, *avant ou immédiatement après la floraison*, de supprimer les rameaux qui portent les grappes que l'on juge être en excédent. L'ébourgeonnement est une excellente opération, notamment quand on vise l'obtention des raisins de table ; et l'on sait que le prix de revient en est nul.

IV

Observations générales

1.— Tous les cas de dépérissement de la Tunisie, de l'Algérie, de la France, de l'Autriche et de la Californie que nous avons étudiés se sont produits brusquement : partout, ils ont présenté une allure foudroyante. L'année précédente, du printemps à l'automne, rien ne les a fait prévoir *aux viticulteurs*. La végétation était belle, et, symptôme encore plus rassurant, les souches *chargées de fruits*. C'est durant l'hiver que la plante a commencé à se dessécher et c'est au printemps qu'on a vu qu'elle ne poussait pas ou poussait mal.

J'ai montré que la cause du dépérissement de ces vignes

était justement ce qui, aux yeux de viticulteurs, constituait la preuve de leur vitalité : *l'excès de grappes*. Chose curieuse, beaucoup de personnes admettent difficilement que les fruits puissent amener un épuisement notable de l'arbre qui les porte. Et, cependant, l'analyse chimique l'établit nettement : on en trouvera la preuve dans mon livre sur la «Brunissure»

Mais, au reste, on peut calculer — au moins approximativement pour le moment — la quantité de matière sèche que les grappes enlèvent à la plante qui les nourrit. Voici comment :

Au moment de la floraison, à une souche qui porte des grappes, enlevons toutes les feuilles, et ultérieurement, supprimons toutes les pousses latérales au fur et à mesure qu'elles se montrent. Cette souche reste donc privée de feuilles jusqu'à l'automne. Ses grappes ne coulent pas après la floraison, elles coulent même moins que sur les souches normales, et cela se conçoit sans peine ; mais les grains se développent lentement, commencent à vérer très tard et se colorent à peine ; ils renferment très peu de sucre. Leur diamètre atteint à peine 14-15 mill. pour l'Aramon, tandis que les grains normaux ont 24-25 mill. Leur poids est donc sensiblement le $\frac{1}{5}$ de celui des grains normaux. Si l'on admet qu'ils renferment 30 o/o de matière sèche, la quantité totale de matière sèche qu'ils produisent est donc de $\frac{1}{5} \cdot \frac{30}{100}$.

Voilà ce que deviennent les grains de raisin quand ils sont laissés à leurs propres moyens d'existence et même un peu aidés par les réserves de la plante.

La quantité de matière sèche des grains normaux est par suite $1, \frac{30}{100}$; elle est cinq fois plus considérable que pour les grains des souches affaiblies. Eh bien, c'est l'écart entre les deux quantités précédentes : $1 \dfrac{30}{100} - \dfrac{1}{5} \dfrac{30}{100}$, qui représente la part fournie par la souche aux grains développés normalement. Les grappes enlèvent donc à la souche 4 fois plus de substances qu'elles n'en peuvent produire elles-mêmes.

Prenons un exemple. Soit une récolte de 10 kilos par pied de vigne ; elle représente $\dfrac{30 \times 10}{100} = 3$ kilos de matière sèche. Sur ces 3 kilos, $\dfrac{1}{5}$, soit 600 grammes, a pu être constitué directement par les grappes ; $\dfrac{4}{5}$ ou 2 kil. 400 grammes viennent des organes végétatifs : 2 kilos 400 de matière sèche enlevés par les raisins à la souche ; quel parasite a jamais une action aussi énergique ; le mildiou n'est rien auprès du raisin; le phylloxera est beaucoup moins dangereux et la preuve c'est que les vignes phylloxérées mettent plusieurs années à succomber.

Je sais bien que la totalité des matières enlevées à la plante représente plus que la quantité dont les tissus se sont appauvris, car les organes végétatifs élaborent d'autant plus activement, au moins dans certaines limites, qu'ils sont moins gorgés de produits; il semble, en effet, si l'on en juge par les chiffres que j'ai publiés dans la «Brunissure», que l'activité des plantes supérieures, tout comme celles des inférieures, est ralentie par leurs propres produits. Mais néanmoins la quantité dont les tissus s'appauvrissent sous l'action des grappes reste très considérable ; *et le raisin est un parasite dont la puissance dépasse de beaucoup la puissance de ceux avec lesquels les vignerons ont ordinairement à compter*.

2. — Toutes les vignes peuvent être épuisées par leurs raisins. Même les moins fertiles portent quelquefois, dans des conditions très favorables, plus de grappes qu'elles n'en peu-

vent convenablement nourrir. En conséquence, on ne doit pas
être surpris de voir toutes les variétés des vignes fertiles présenter des cas de dépérissement tels que ceux que nous avons
étudiés.

Mais il va sans dire que les plus fertiles sont aussi les plus
sujettes à cet accident. Parmi ces dernières, il convient de
citer tout particulièrement le *Terret-Bourret*. C'est un cépage
aux sarments courts, relativement faible, qui donne souvent
des grappes extrêmement compactes, je veux dire portant
beaucoup de grains. Aussi, le Terret-Bourret faiblit souvent,
surtout quand il est placé sur un sujet qui pousse à la production, tel que le Riparia.

Le *Mourvèdre* et le *Morrastel* donnent peu de vin et même
très peu. Ce ne sont pas des cépages d'abondance ; mais ils
donnent de grosses grappes, qui portent un *très grand nombre de grains*.

Si l'on considère seulement le nombre de grains, ils sont
les plus fertiles de tous. Aussi s'affaissent-ils très vite, surtout
quand ils sont greffés sur un sujet poussant à la production,
tel que Riparia. Et c'est pourquoi, malgré leurs grandes qualités, on renonce à les cultiver dans le Midi de la France.

Le Mourvèdre occupait autrefois de grandes étendues dans
les Charentes. Lors de la reconstitution du vignoble par la
greffe on dut renoncer à sa culture : il dépérissait trop vite
sur Riparia, Solonis, etc..., je ne l'ai vu très beau que sur
Jacquez : mais le Jacquez est justement le porte-greffe coulard
par excellence.

L'Alicante-Bouschet est aussi, chacun le sait, extrêmement
fertile. Il a donné en Algérie, on l'a vu plus haut, jusqu'à
250 hectol. par hectare. Mais que de déboires n'a-t-il pas
donnés aussi aux viticulteurs ; très beau une année, il est
mourant l'année suivante. On le dit *très délicat* et on hésite
à le propager, malgré ses grandes qualités. Délicat, il l'est en
effet, mais c'est parce qu'il produit trop, surtout qu'en il est

jeune. Il faut surveiller attentivement les Alicante-Bouschet jeunes. Mais si on ne lui demande qu'une production modérée, il cesse d'être *délicat*. Ce que je viens de dire de ce cépage s'applique à son parent le Morrastel-Bouschet. Certaines années, le Morrastel-Bouschet est tout en raisins: les années suivantes, il n'a ni feuilles ni raisins. Cela s'applique aussi à un Terret-Bouschet qu'on a dû renoncer à cultiver parce qu'il était trop fertile, à l'Herbemont d'Aurelles, etc.

Le Carignan est irrégulier comme producteur. Tantôt il coule ; tantôt aussi il porte 3-4 grappes compactes par sarment : l'année suivante il est rabougri.

Les cépages peu fertiles, c'est la Syrah, c'est le Pinot, etc. Tous étaient autrefois les *«bons greffons»*, c'est-à-dire les variétés qui ne faiblissent pas trop après la greffe. — Et il sera maintenant facile à chacun de trouver d'autres exemples.

3. — C'est dans les dépressions de terrain que les dépérissements présentent, en général, le plus de gravité. Or c'est dans les dépressions que la vigne pousse le moins bien. (Je dis en général, car il y a des dépressions où la vigne pousse justement mieux qu'ailleurs. Mais laissons ces exceptions de côté pour le moment). Pourquoi? Probablement parce que sol y est plus gorgé d'eau qu'ailleurs et aussi parce que, plus tard, il devient plus sec que dans les parties voisines surélevées. Ce ne sont pas là, on en conviendra, des conditions favorables au développement des *racines épuisées*. Que celles-ci, dans un bon sol, aéré, sain, puissent supporter l'épuisement, se refaire et maintenir la souche plus ou moins vigoureuse, cela se conçoit; que si, au contraire, à l'épuisement vient s'ajouter l'influence d'un sol défavorable, mal aéré, gorgé d'eau, les racines pourront s'altérer encore, ou ne se reconstituer que plus lentement; et la souche, au lieu de se refaire, de reprendre de la vigueur, continuera à décliner : c'est ce qui s'est produit dans le domaine de M. X..., près de Béjà, de P. à M. C.

C'est aussi ce qui a eu lieu dans la vigne de Tarascon, sou-
mise à la submersion, que j'ai citée plus haut. Cette année,
c'est-à-dire après la grosse production qui l'a épuisée, elle a
reçu une bonne submersion. La submersion, si elle asphyxie
le phylloxera, gêne aussi la respiration de la vigne. Une racine
saine s'en tire, mais une racine *épuisée* succombe. C'est pourquoi les rangs en bordure des bourrelets, dont beaucoup de
racines sont presque en dehors de l'eau, ont relativement bien
résisté à l'épuisement. *On voit que la submersion peut être
quelquefois nuisible.* A mon sens, cette vigne de Tarascon ne
devrait pas être submergée l'année prochaine ; il serait bon
d'attendre que ses racines eussent reconstitué leurs réserves.

4. — Puisque l'épuisement, est au fond, la conséquence d'une
nutrition insuffisante, les dépérissements doivent être plus
ou moins subordonnés à la nature du sol. Certes, ils peuvent se produire partout, mais il me semble qu'ils sont plus
particulièrement fréquents dans certains sols. Ces sols, il
m'est pour le moment impossible de les caractériser chimi-
quement et physiquement : on y arrivera probablement par
la nouvelle méthode d'examen des terres que l'on
doit à mon collègue M. Lagatu. Fréquemment, ce sont des
terres noires qui, disent les vignerons, promettent beaucoup
plus qu'elles ne tiennent et qui, à un certain moment, «lâ-
chent» la vigne qu'elles portent. — Par contre, il me semble
qu'ils sont bien moins fréquents dans le diluvium alpin sili-
ceux du Midi de la France.

Cette question, je ne fais en somme que la poser ; elle doit
avoir une solution probablement dans le sens que je viens
d'indiquer. Je serais très reconnaissant aux personnes qui
voudraient bien m'envoyer celles de leurs remarques qui
pourraient aider à la solutionner.

5. — La sécheresse peut sans doute amener la mort de
la souche ; mais cela n'a lieu que dans des sols très spéciaux.
Peu intense, elle accroît l'importance de l'épuisement, en gê-
nant la nutrition de la plante. Mais plus intense, elle peut,

pour certaines de ses valeurs, empêcher justement l'épuisement de se produire, car alors elle s'oppose à la migration vers les grappes des substances contenues dans le corps de la souche. C'est le cas des blés échaudés. Mais son rôle est au fond très secondaire.

6. — J'ai déjà indiqué ce qu'il y avait à faire pour éviter et atténuer ces dépérissements.

Pour les éviter il faut :

1° Surveiller la fructification au même titre que la végétation ;

2° Appliquer une taille réduite ;

3° Enlever les grappes en excès ;

4° *Et surtout ne pas demander une forte production aux vignes jeunes ;*

5° Activer la nutrition de la plante par des fumures et des arrosages si possibles et par une bonne culture. Les arrosages tout comme la sécheresse peuvent être utiles ou nuisibles. Ils sont utiles quand ils sont donnés avant l'arrêt de la végétation, soit avant, soit après la floraison.

Lorsque la végétation est arrêtée, c'est-à-dire lorsqu'ils sont donnés tardivement, ils peuvent favoriser la migration et par là l'épuisement de la plante. C'est ce que produisent les pluies tardives.

Pour les atténuer, il faut redonner à la souche les racines qu'elle a perdues. On y arrive par une bonne fumure et une taille très réduite et par la suppression hâtive des grappes s'il en existe. Il est dur, j'en conviens, de sacrifier une récolte. même réduite ou une portion de récolte. C'est cependant le moyen le plus efficace de redonner rapidement à la souche sa vigueur première. La figure 18 montre que les souches très affaiblies peuvent être relevées par les soins que je viens d'indiquer. En 1902, cette souche porte une grosse récolte ; en 1903, faible végétation ; développement plus puissant en 1904 ; en 1905, elle était assez bien rétablie pour produire une grosse récolte et de beaux sarments.

ANNALES

DE L'ÉCOLE NATIONALE D'AGRICULTURE
DE MONTPELLIER

REVUE SCIENTIFIQUE ET TECHNIQUE

NOUVELLE SÉRIE — TOME SIX

www.ingramcontent.com/pod-product-compliance
Ingram Content Group UK Ltd.
Pitfield, Milton Keynes, MK11 3LW, UK
UKHW051844140726
13696UKWH00007B/1300